Standardmerkmale des Maltesers

(Auszüge aus dem gültigen FCI-Standard)

Rumpf
Ausgewogen, im Wesentlichen kurz und kompakt.
Gut gerundeter Rippenkorb, waagerechte Rückenlinie
vom Widerrist zum Rutenansatz.

Rute
Mit reicher Fransenbehaarung,
gut über den Rücken getragen.

Haarkleid
Von guter Länge, die die Bewegung nicht behindert, gerade und von seidiger Textur, niemals wollig. Nicht
gekräuselt und ohne dichte Unterwolle.

Hinterhand
Läufe kurz, gut gewinkelt.

Pfoten
Rund, Ballen schwarz

Größe
Höhe vom Widerrist zum Boden
nicht mehr als 25,5 cm.

Farbe
Reinweiß, leichte zitronen-
gelbe Abzeichen statt-
haft.

Malteser

◇

Juliette Cunliffe

Inhalt

Malteser

Charlotte Schwartz
Hier erfahren Sie, wie wichtig die Erziehung des Maltesers ist, angefangen von der Stubenreinheit über die Entwicklung des Junghundes bis hin zu den Gehorsamsübungen („Sitz", „Bleib", „Platz" usw.)

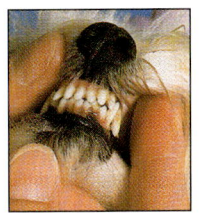

Die Wahl des richtigen Tierarztes und eine gute Vorsorge ist für das ganze Hundeleben wichtig. Dieses Kapitel informiert über Impfungen, Hautprobleme, innere und äußere Parasiten, sowie über medizinische und Verhaltensbesonderheiten der Rasse.

Lernen Sie die Welt der Hundeausstellungen mit ihren verschiedenen Typen von Ausstellungen kennen und wie aus einem Hund ein Champion wird. Erfahren Sie darüber hinaus etwas über Agility und andere Beschäftigungen.

Fotonachweis
Alle Fotos Isabelle Francais mit zusätzlichen Fotos von:
Norvia Behling, T. J. Calhoun, Carolina Biological Society, Doskocil, James Hayden-Yoav, James R. Hayden, RBP, Bill Jonas, Carol Ann Johnson, Dwight R. Kuhn, Dr. Dennis Kunkel, Mikki Pet Products, Antonio Philippe, Phototake, Jean Claude Revy, Dr. Andrew Spielman.

Illustrationen Renée Low

Wir danken Kathleen Bakeman, Emanuel Cominiti, Claudia Grunstra, Linda Johnson, Johane Kriegel, Robin Lindemann, Beverly A Nucci, Beverly Quilliam, Nancy Roberts, Christopher Vicari und allen anderen Haltern, deren Hunde in diesem Buch abgebildet sind.

Der Malteser ist seit Jahrtausenden geliebter Begleiter, die europäische Antwort auf die asiatischen Kleinhunde. Über diese brachten Seefahrer und Entdecker Geschichten mit von winzigen Hunden, die in die großen Ärmelaufschläge passten oder auf dem Schoß chinesischer Adliger saßen, vermutlich um diese warmzuhalten!

Die Geschichte des Maltesers

Der Malteser ist eine der ältesten Klein-hunderassen der westlichen Welt, auch wenn es seit jeher unterschiedliche Meinungen zur tatsächlichen Herkunft dieser bezaubernden Rasse gab. Charles Darwin meinte, die Rasse habe es schon 600 Jahre vor Christi Geburt gegeben. Inzwischen wurde eine Figur eines solchen Hundes gefunden, die etwa 2 000 Jahre älter ist – man hält die Figur für ein Kinderspielzeug. Der römische Kaiser Claudius, der vom Jahr 10 vor bis zum Jahr 54 nach Christi Geburt regierte, hatte einen solchen Hund und es ist wahrscheinlich, dass die Römer solche Hunde mit nach Asien nahmen. Möglicherweise gerieten die Hunde bis nach China, wo sie zu den alten Zuchtlinien beitrugen, aus denen die heutigen Peking-Palasthunde hervorgingen.

Im Laufe der Geschichte hat die Rasse viele Namen gehabt: Melitea Hund, Hund des antiken Malta, Comforter (Tröster), Sanfter Spaniel, Schockhund und Malteser Löwenhund. Dieser letzte Begriff geht möglicherweise darauf zurück, dass mehrere der frühen Kleinhunderassen entsprechend der Behaarung des Löwen geschoren wurden. Und so führte der Begriff auch zu Verwirrungen, weil eine eigene Rasse nach dieser Haartracht benannt ist: das Löwchen.

Viele vorchristlichen Kunstobjekte sind mit Abbildungen von Maltesern verziert.

Das
Löwchen,
auch der
kleine
Löwenhund
genannt,
einer der
frühen
Schoßhunde
Europas,
ähnelt dem
Malteser ver-
blüffend.

Im kaiserlichen Rom war der Malteser ein Liebling der Damen, die Rasse hieß dort bald auch Hund der römischen Damen. Von ihm ist geschrieben: „Wenn sein Lieblingshund stirbt, begräbt der Römer dessen sterblichen Überreste und errichtet ein Grabmal für ihn, auf dem geschrieben steht: Nachkommen der maltesischen Hunde." Gewiss waren Malteser auch eng in die Kultur des alten Ägypten in der Zeit zwischen 600 und 300 vor Christi Geburt eingebunden, sie wurden dort als Mitglieder der königlichen Familien verehrt.

In Griechenland findet sich der erste schriftliche Hinweis auf die Rasse in den Werken von Aristoteles, der etwa 350 vor Christi Geburt als Herkunftsort der Rasse Malta im Mittelmeer angab. Abbildungen von dem Malteser ähnlichen Hunden finden sich gleichwohl auf Vasen, die aus der Zeit von 500 v. Chr. stammen.

Viele der frühen italienischen Maler zeigten Hunde in ihren Bildern und viele dieser Hunde scheinen Malteser gewesen zu sein. Um die Ungewißheit über die geographische Herkunft der Rasse weiter zu steigern, sei darauf hingewiesen, dass es um 25 v. Chr. in Sizilien einen Ort namens „Melitia" gab. Hier fanden sich schöne kleine Hunde, die man Canis Melitei nannte. Weiter muss man wissen, dass die Insel Malta früher Melita genannt wurde. Youatt schreibt 1850, dass sich diese Hunde nicht nur in Malta, sondern auch auf anderen Inseln des Mittelmeers finden, „überall bewahren sie dieselbe Eigenschaft und hängen sie hingebungsvoll an ihren Besitzern, führen sich Fremden gegenüber aber übel auf." Auch wenn Youatt schreibt, dass „sie nicht größer als Frettchen oder Wiesel sind, so sind sie gleichwohl in ihrer Auffassungsgabe und Zuneigung alles andere als klein."

Es wird angenommen, dass der Malteser eine der ursprünglichen französischen Kleinhunderassen ist und ein enger Verwandter zu den Bichon genannten Rassen wie dem Bichon (à poil) Frisé, dem Bologneser, dem Havaneser und dem Coton de Tulear. Aber auch wenn der Malteser zeitweise in seiner Rassegeschichte 'Bichon' genannt wurde, so darf er doch nicht mit dem heutigen Bichon Frisé in einem Aufwasch betrachtet werden. Manche Züchter waren gar der Ansicht, die Rasse komme ursprünglich aus der Zone um die Wüste Gobi, weil sie Sonne und Hitze so liebe.

Der Malteser als Handelsware

Die Herkunft der Rasse wird auch deshalb noch unklarer, weil Malteser weit in die verschiedensten Gegenden der Welt reisten, im Tausch gegen Waren, so auch für chinesische Seide. Seide war in jenen Tagen so wertvoll, dass sie in Gold aufgewogen wurde. Wie Idstone berichtet, wurden Malteser oft an die Küste gebracht, um da verkauft zu werden. Die Betreiber von Landungsbooten boten sie den Schiffspassagieren an. Traurig ist, dass diese Hunde, wie er hinzufügt, „nur langhaarige kleine Kümmerer waren, die gebadet wurden, deren Haar mit Stärke behandelt und dann ausgekämmt wurde".

Der Malteser – ein Terrier?

In der jüngeren Zeit wurde auch der Begriff „Malteser Terrier" verwendet, aber allgemein besteht Einvernehmen darüber, dass die frühen Ahnen der Rasse eher Hunde vom Typ Spitz oder Spaniel waren als irgendwelche Terrier. Dennoch machte ihr Erbteil die Rasse gewiss zu guten Mäuse- und Rattenfängern. Es gibt Quellen, nach denen die Rasse in ihren frühen Jahren, als sie auch noch erheblich größer war als heutzutage, als kleine Jagdhunde Verwendung fand.

Darstellung eines Skye Terriers, vermutlichen ein Ahne des Maltesers, aus einer Veröffentlichung des Jahres 1867.

Mrs. Stallibrass mit ihrem Malteser Terrier Queen Stallie. Mrs. Stallibrass war eine der nachhaltigsten Förderer der Rasse an der Wende zum 20. Jahrhundert.

Abstammungsvermutungen aus Deutschland

Im Jahr 1650 schrieb ein deutscher Arzt, dass Zahnschmerzen am besten geheilt würden, wenn man das Zahnfleisch mit einem Hundezahn bestreiche. Hieran schloss er eine längere Beschreibung des Maltesers. Er war der Überzeugung, dass die Rasse aus Malta stamme und beschrieb zwei Fellformen, eine kurz- und eine langhaarige. Er sagte, die Rasse habe die Größe eines Baummarders und dass zu jener Zeit die rotweiß gescheckten Hunde die höchsten Preise erzielten, es gebe daneben auch schwarzweiße Hunde. Um die geringe Körpergröße zu erhalten, sperre man sie in mit den weichsten Stoffen ausgepolsterte Körbe und füttere sie auch darin, wenn auch mit dem erlesensten Futter.

Der Malteser im Großbritannien des 19. Jahrhunderts

Im Jahr 1859 bekam Miss Gibbs die kleine Hündin Psyche von einem Herren, der sie wiederum von seinem Bruder, einem Schiffskapitän, erhalten hatte. Psyche war reinweiß, es war bekannt, dass sie wie „ein lebendes Knäuel aus Seide" aussah. Ihr Haar im Nacken war 38 cm lang, aber sie wog nur 1,5 kg. Für diese Zeit war das sehr klein, denn die meisten Malteser wogen seinerzeit um 3 kg.

Im 19. Jahrhundert war der Malteser ein begehrter Hund; Händler verkauften ihn gerne auf der Strasse. Für diesen Markt ließ man die Verfärbungen von Tränenflüssigkeit gerne im Gesicht der Hunde: sie waren von Vorteil, denn die möglichen Käufer glaubten, der Hund habe geweint und irgendwie half das beim Verkauf an weichherzige Käufer. Der Hundehändler stand am Straßenrand und hielt den winzigen Malteser auf seiner ausgestreckten Hand und so ließ sich bald ein Interessent anlocken. Wie berichtet wird, bandagierte ein gewitzter Händler sogar einen Lauf des Hundes, das beschleunigte den Verkauf.

Die Hundezüchter bemühten sich, immer kleinere Malteser zu züchten, aber das war nur von mäßigem Erfolg gekrönt, die immer kleineren Hunde waren oft weniger vital und keine guten

An Britanniens Küsten

Es mag sein, dass der Malteser schon mit der Invasion der Römer auf die Britischen Inseln kam. Andere machen geltend, dass er erstmals während der Regierungszeit von König Heinrich VIII gesehen wurde.

Zuchthunde. Schließlich wurden aus Kontinentaleuropa neue Blutlinien eingeführt und das änderte die Lage dann doch. Anfänglich waren zwar die Nachkommen recht groß, aber dann wurde doch bald wieder das erwünschte Gewicht von 1,8 bis 4 kg erreicht und die Hunde wurden robuster.

In den Jahren von 1860 bis 1870 war die Zuchtstätte von Mr. Mandeville am bekanntesten, ihre Hunde gewannen nahezu alles bei den großen Schauen. Auch in den nachfolgenden Jahren gingen viele Malteser blutlinienmäßig zurück auf die Hunde Fido und Lilly von Mr. Mandeville. Der Malteser war jedoch seinerzeit gegenüber den anderen Kleinhunderassen weniger angesehen, wenn es darum ging, einen Begleithund für draußen zu haben. Mit seinem langen, seidigen Haar war er empfindlich und holte sich leicht Erkältungen und Krankheiten. Die Besitzer der Hunde verwendeten viel Mühe auf die Pflege des Haarkleids, aber schon die geringste Hauterkrankung führte meist zu deutlich

Die Gattung *Canis*

Hunde und Wölfe sind Mitglieder der Gattung *Canis*. Wölfe tragen die wissenschaftliche Bezeichnung *Canis lupus*, während Hunde als *Canis familiaris* bezeichnet werden. Hunde und Wölfe können sich untereinander paaren. Der Begriff *canis* kommt aus dem Lateinischen und bedeutet hundeartig. Dies ist zwar kein wissenschaftlicher Begriff, er wird aber schon seit tausenden von Jahren benutzt.

sichtbarem Haarausfall. Hier muss man auch wisseen, dass die Hundehalter im 19. Jahrhundert bei weitem nicht jene Haarpflegemittel zur Verfügung hatten, die heute selbstverständlich erhältlich sind und Hauterkrankungen häufig vorkamen.

Viele Malteserbesitzer zogen ihren Hunden an den Hinterläufen kleine Stiefel aus Waschleder an, um zu verhindern, dass sie sich beim Kratzen Hautverletzungen zuzogen. Diese Stiefel, so nützlich wie sie einerseits waren, bewirkten dann aber bei langem Tragen, dass die Pfotenballen sich veränderten. Einige Besitzer flochten das lange Haar ordentlich zu Zöpfen und andere wieder banden die Ohrbehaarung vor dem Füttern zurück, was Dritte wiederum übertrieben fanden.

Körper und Geist

Im Lauf der Jahrhunderte, in denen Hunde gezüchtet wurden, wurden ihre geistigen und körperlichen Fähigkeiten so ausgewählt, dass sie den Anforderungen des Menschen genügen. Hunde wurden zur Jagd, zum Stöbern, zum Fährtenlesen oder als Wachhund genutzt. Auch in den letzten 150 Jahren wurden die Hunde nicht nur nach ihrem Aussehen, sondern auch nach ihren geistigen und körperlichen Fähigkeiten beurteilt und gezüchtet.

Auch das Futter für Kleinhunde war in jenen Zeiten Gegenstand sorgfältigster Zubereitung. Hierzu muss man sich vorhalten, dass es seinerzeit fertiges Hundefutter wie es heute selbstverständlich zur Verfügung steht, nicht gab. Man glaubte, dass für Malteser das beste Futter aus Brot- und Gemüseresten, gut vermischt mit ein wenig Soße, bestehe. Fleisch wurde nur gelegentlich verfüttert.

Gleichwohl wurde der Malteser als Haushund außerordentlich geschätzt, man sagte: „Man kann sich einen Hund kaum in einer schöneren Form vorstellen, als sie eine ausgesuchte Gruppe dieser Hunde im Haus und in der Kammer ihrer Herrin freilaufend darstellt". Andererseits zeigten sich die Hunde seinerzeit charakterlich eher angstbissig. Das ließ sie bei Leuten, die nicht vordringlich die äußerliche Schönheit bewunderten, nicht so recht beliebt werden.

John Henry Walsh schrieb 1874 unter dem Pseudonym Stonehenge ein wunderbares Buch mit dem Titel *The Dogs*. Die wenigen Zeilen, die er über den Malteser schrieb, verdienen es, hier zitiert zu

> **Henry der Top-Hund**
> Der Malteser mit den meisten Erfolgen in den USA war Ch. Sand Island Small Kraft Lite, den alle unter seinem Rufnamen Henry kannten. Er gehörte Carol F. Andersen und wurde auf Ausstellungen professionell von Vicki Abbott vorgestellt. Henry war der erfolgreichste Kleinhund aller Zeiten in den USA.

werden: „Dieser schöne kleine Hund ist ein Skye Terrier im Kleinen, aber mit einem viel seidigeren Haar, einem beträchtlich kürzeren Rücken und einer eng auf den Oberschenkel gerollten Rute." Der Vergleich mit dem Skye Terrier mag dem heutigen Betrachter der Rasse merkwürdig vorkommen, aber mehrere der kleinen langhaarigen Rassen wie beispielsweise der Lhasa Apso wurden immer wieder mit dem Skye Terrier verglichen, so dass es interessant wäre, eine Abbildung von Skye Terriern jener Tage zu finden.

Bald wurde die Rasse immer seltener, so dass Sir Edwin Landseer, ein bekannter Tiermaler, schließlich gebeten wurde, einen solchen Hund, „vielleicht den letzten seiner Rasse" zu porträtieren. Die kleine Hündin, die Modell saß, gehörte einer Miss Gibbs oder Miss Morden und stammte von Eltern, die ein Mr. Lukey direkt aus Malta importiert hatte. Das Gemälde war nach seiner Veröffentlichung Anlass genug, mehrere Malteser aus Malta zu importieren. Dort waren diese Hunde zwar auch selten geworden, aber man konnte diese Tiere immerhin finden und erwerben.

Dieser Stich, um 1867 entstanden, zeigt Psyche, eine Malteserhündin der Miss Gibbs. Über Psyche wurde gesagt, wenn sie umhersprünge, sehe sie aus wie „ein lebendes Knäuel aus Seide."

Die Augen des Maltesers

In der Mitte des 19. Jahrhunderts sollten die Malteser schwarze Augen haben, der heute gültige Standard schreibt vor: dunkelbraun. Der Begriff „schwarz" betonte wohl eher, dass die Augen sehr dunkel sein sollten, denn vor der Wende zum 20. Jahrhundert hatten viele Malteser rosa oder rote Augen und passend dazu kupferfarbene Nasenbeeren.!

Aus dem Vorstehenden lässt sich erkennen, dass, milde gesagt, die Geschichte der Rasse wirr verlaufen ist. Mit der Gründung des Kennel Clubs in Großbritannien im Jahr 1873 wurden jedoch Anstrengungen unternommen, mehr Einheitlichkeit in der Rasse zu sichern, wenn diese bezaubernden kleinen Hunde auch noch immer als Terrier ausgestellt wurden.

Das 20. Jahrhundert in Großbritannien

Als Charles Henry Lane im Jahr 1900 sein Buch *All About Dogs* schrieb, ordnete er den Malteser in die Abteilung Leistungs- und Kleinhunderassen ein. Nach seinem Text zu schließen, erfreute sich der Malteser seiner höchsten Wertschätzung.

Dieser Malteser Terrier, als Ch. Pixie bekannt, gehörte um etwa 1900 Joshua Jacobs.

Er habe die Rasse seit Jahren empfohlen und sei froh, dass sie wieder beliebter werde. Er erinnerte an die Maltesergruppe der verstorbenen Lady Gifford und betonte, dass eine schönere Gruppe von Gesellschaftshunden für Damen nicht vorstellbar sei. Wieder verglich er sie mit Skye Terriern und bezeichnete sie als „gewitzte, lebhafte Gesellen". Er beschrieb, dass nicht nur die Nase, sondern auch das Gaumendach schwarz sein sollten.

Wie die meisten Hunderassen in Großbritannien litt die Rasse der Malteser sehr unter dem ersten Weltkrieg in den Jahren 1914 bis 1918. Die Zuchttätigkeit erstarb, der Malteser Club von London wurde aufgelöst. Seinerzeit glaubte man, auf Malta gebe es keine Malteser mehr, aber als der Krieg zu Ende war, war Mrs. Van Oppen (verehelichte Mrs. Roberts) mit ihrer Suche nach Hündinnen auf dem Kontinent erfolgreich und importierte vier von ihnen nach Großbritannien. In der Quarantäne fielen Würfe, in den Folgejahren wurden vier weitere Malteser importiert, mit diesen und den wenigen Hunden, die den

Wussten Sie schon?

Der Malteser hat die Zuneigung der Menschen schon immer auf sich gezogen, viele Bücher enthalten lebendige Geschichten über die Rasse. Die Vielfalt der Erzählungen ist grenzenlos, angefangen vom Malteser, der sich ins offene Grab seines Herrn warf, über den, der den Scheiterhaufen emporkletterte und schließlich gar einen, der seinem Herrn zum Galgen folgte.

Weltkrieg überlebt hatte, konnte die Rasse wiederbelebt werden.

In den Zwanzigern und Dreißigern des 20. Jahrhunderts stiegen die Eintragungen beim Kennel Club stetig, wenn auch langsam an, schließlich fanden sich genug Interessenten, um 1934 einen Malteserclub zu gründen.

In den folgenden Jahren steigerte die Rasse langsam ihren Beliebtheitsgrad unter den Kleinhunderassen, auch wenn sie niemals die Popularität beispielsweise des Cavalier King Charles Spaniels oder des Yorkshire Terriers erreichte. Die Eintragungszahlen schwanken heute jährlich um die 500 Hunde. Man kann daraus schließen, dass es nur wenige, Hundeliebhaber gibt, die noch nichts von dieser eleganten Rasse wenn nicht gesehen, dann wenigstens gehört haben. Im Ausstellungsring hat der Malteser ganz klar seinen Platz gefunden, Hunde der Rasse gewinnen immer wieder die höchsten Ehren bei großen Schauen für alle Rassen.

Der Malteser in den USA

Bei der ersten Westminster Show, die 1877 in New York abgehalten wurde, war ein Malteser gemeldet und wurde als Malteser Löwenhund in der Klasse für verschiedene Rassen verzeichnet. Der American Kennel Club (AKC) begann 1888, Malteser einzutragen, dabei wurden auch einige Hunde eingetragen, die bereits 1885 und 1886 geworfen waren und einige, die augenscheinlich importiert waren. Vor der Jahrtausendwende noch erhielt das Amerikanische Naturkundemuseum drei präparierte

Tiere, eine bedeutende Stiftung, die versuchte, das Andenken der frühen amerikanischen Hunde für die Nachwelt zu bewahren.

Jetzt fühlten sich mehr und mehr Menschen in Amerika von dieser Rasse angezogen, es wurden mehr Malteser gezüchtet und beim AKC eingetragen. Sogar während des ersten Weltkriegs gab es etwa 200 Eintragungen, in den Folgejahren wurden mehrere Zuchtnamen zu bekannten Begriffen. Im zweiten Weltkrieg jedoch gingen die Eintragungen drastisch zurück. Nur eine erfolgreiche Züchterin, Mrs. Eleanor Bancroft, ließ in den späten 1930ern einige Würfe eintragen.

Dankenswerterweise kümmerten sich einige Enthusiasten der Rasse darum, dass diese überlebte. So waren in jenen Jahren besonders die Malteser des Dr. Viscenzo Calvaresi weithin bekannt und warben erfolgreich für ihre Rasse bis in die fünfziger Jahre. Später konnten dann wieder frische Blutlinien aus Europa nach Amerika geholt werden. Die American Maltese Foundation wurde 1961 gegründet, allen voran von Tony und Ännchen Antonelli, die bei den Liebhabern der Rasse bis in die Mitte der Siebziger Jahre bekannte Persönlichkeiten waren. Am Valentinstag, wie passend für die liebenswerte kleine Rasse, des Jahres 1971 hielt der Club seine erste nationale Spezialzuchtschau ab. In den frühen Achtziger Jahren wuchs die Rasse und erreichte einen Platz unter den dreißig beliebtesten Rassen, um in den Folgejahren noch begehrter zu werden. Heute ist die Rasse in den Vereinigten Staaten

in guten Händen, die Züchter ziehen hervorragende Hunde, die bei vielen großen Veranstaltungen höchste Auszeichnungen erreichen.

Der Malteser in den deutschsprachigen Ländern

Als recht kleine und dekorative Rasse ist der Malteser schon vor 1890 nach Deutschland gekommen. Auch wenn nicht das genaue Jahr bekannt ist, in dem der erste Malteser nach Deutschland kam, so lassen Malteser sich doch ab 1860 nachweisen und wurden seit 1879 bei Hundeschauen ausgestellt. Im Jahr 1900 wurde ein erstes Stammbuch erstellt, danach wurde ernsthaft Zucht betrieben. Im Jahr 1902 wurde ein Schoßhundclub in Berlin gegründet. Nur zwei Jahre später wurde der erste Rassestandard für Deutschland erstellt. Ab 1910 wurden Malteser ins Kleinhunde-Stammbuch eingetragen. Die Rasse schwankte in ihrer Popularität mit den Wirren der Geschichte, in den Weltkriegen war es freilich einfacher, einen Kleinhund durchzubringen als die Futtermengen für mittlere und große Hunde zu beschaffen. Nach 1980 wurde der Malteser in Deutschland immer populärer, erreichte schließlich mit 668 eingetragenen Welpen im Jahr 1994 den Höhepunkt seiner Popularität. Die Eintragungszahlen fielen danach stetig und haben sich bis zum Jahr 2000 auf einem Niveau von 350 bis 400 eingetragenen Malteserwelpen jährlich bei den Mitgliedsvereinen des VDH eingependelt.

Der Malteser (rechts) mit einem Pommer'schen Spitz. Der Spitz soll ein Zwergspitz sein, auch wenn er hier viel größer dargestellt ist. Diese Illustration entstand 1881 für Vero Shaws *Book of the Dog*.

Typische Merkmale des Maltesers

Der Malteser ist eine Rasse mit reizendem Naturell. Aufmerksam und lebhaft, mit großer Auffassungsgabe. Auch wenn die Rasse als Kleinhund klassifiziert ist, so ist sie doch funktional gesund gebaut, und die Hunde haben großen Spaß an ausgiebiger körperlicher Bewegung. Es wäre ein großer Fehler, den Malteser für eine empfindliche Kleinhunderasse zu halten. Selbst wenn er dies anatomisch nicht ist, so wurde der Malteser doch jahrhundertlang für einen Terrier gehalten und sein Charakter ist wach genug, um gelegentlich typisches Terrierverhalten zu zeigen. Mit Sicherheit ist er in der Lage, eine Ratte zu fangen und früher soll er mit auf die Dachsjagd gegangen sein. In Sir Richard Glyns Buch *Champion Dogs of the World* wird der Malteser als „attraktiver kleiner Irrwisch" beschrieben, und das ist er, in Kürze gesagt, auch. Wenn Sie mehr wissen wollen, lesen Sie weiter!

Wie die Mehrzahl der kleineren Rassen ist der Malteser auch recht langlebig. Also muss auch dies ernsthaft in Betracht gezogen werden, wenn man erwägt, ob dies für einen die richtige Rasse ist. Klar ausgedrückt: wenn man sich ein solches Tier neu in die Familie nimmt, muss feststehen, dass dieser Hund bis an sein Lebensende mit einem zusammen bleibt.

Trotz der vielen Höhen und Tiefen, die der Malteser im Laufe seiner Geschichte erlebt hat, ist er heute in vielen Ländern rund um die Welt eine etablierte Rasse. In Großbritannien werden jährlich etwa 500 Welpen eingetragen, daneben gibt es noch eine erkleckliche Anzahl von Maltesern, die nicht zur Eintragung angemeldet werden.

Persönlichkeit

Der Malteser hat seine eigene, typische Ausstrahlung, die einen auffordert, ihn anzuschauen, und dann erwidert er diesen Blick mit selbstzufriedenem Blick. Mit Sicherheit ist der Malteser ein lebhafter kleiner Kumpel, voller Witz und mit einem gewissen Sinn für Humor. Wenn man ihn sich selbst überlässt, wird er bald beginnen, Mäuse und andere kleine Nager aus den Hecken zu stöbern, was nicht immer günstig ist, wenn er sein reiches Haarkleid behalten soll. Beim Spaziergang auf dem Lande wird sich der Malteser ungehemmt an den Erlebnissen und Gerüchen auf dem Lande erfreuen, auch wenn dies, wie man sich vorstellen kann, für ein Haarkleid für die Hundeschau verheerende Auswirkungen haben kann.

Der Malteser liebt seine Familienmitglieder abgöttisch, schließt sich aber nicht immer bereitwillig an Fremde an.

Der Mal-
teser ist ein
erstaunli-
cher Hund,
der mit viel
Liebe und
Zuneigung
am besten
gedeiht.
Wenn Sie
Ihrem Mal-
teser diese
nicht geben
können,
sollten Sie
sich keinen
anschaffen.

Er ist reinlich und anspruchsvoll, eine Rasse, die verständlicherweise schon immer ein geliebter Haushund mit gewissem Adel war. Dennoch haben einige Besitzer sich dem Agility-Sport für Kleinhunde verschrieben und andere den Wettbewerben für Gehorsam.

Trotz seiner geringen Größe ist der Malteser furchtlos und macht sich daher ganz gut als Aufpasser, denn er ist stets aufmerksam und entschlossen. Als Haushund ist der Malteser ein perfekter kleiner Hund, der sich dem Tageslauf ausgezeichnet anpasst.

Malteser und Kinder

Unter der Voraussetzung, dass Eltern ihren Kindern beigebracht haben, dass man mit Hunden umsichtig umgeht, nicht grob und auch nicht agressiv, spielen die meisten Malteser gerne mit Kindern. Hier muss jedoch betont werden, dass kleinere Kinder immer beaufsichtigt werden müssen, wenn sie mit Hunden zusammen sind, um zu verhindern, dass es zu Zwischenfällen kommt, so unbeabsichtigt diese auch immer zustande kommen mögen. Auch wenn Ihr Malteser noch so robust erscheint, so ist er doch noch immer nur ein paar Pfund schwer und kann leicht von einem ungestümen Kind in verletzt werden. Seine geringe Körpergröße zieht Kinder an, dazu kommen die hübsche Gesamterscheinung und das lange, fließende Haar. Haben Sie zum Beispiel einen Ausstellungshund, sehen Sie sich vor, dass ein Kind sich nicht dazu entschließt, ihm in

Malteser und Kinder vertragen sich meist gut. Den Kindern muss beigebracht werden, dass der Malteser nicht etwa ein Spielzeug ist, sondern ein kleiner und zarter Hund, der mit Vorsicht behandelt werden muss.

einem unbewachten Augenblick das ganze Haar, und dazu noch wenig zartfühlend, auszukämmen!

Malteser und andere Haustiere

Wenn auch immer Tiere erstmals zusammengebracht werden, ist genaue Beobachtung angezeigt. Die meisten Malteser vertragen sich zwar problemlos mit anderen Tieren, aber das hängt verständlicherweise vom Naturell beider ab. Hund oder Katze, sind sie erst einmal älter, mögen sich vielleicht manchmal nicht auf Anhieb mit einem Neuankömmling im Haus anfreunden, während andere sich problemlos arrangieren. Hat ein Malteser erst einmal einen Hunde- oder Katzenfreund gefunden, dann ist diese Bindung meist eine ernste und dauerhafte. Da ist die gegenseitige Fellpflege der Freunde schon eher eine Gefahr für das lange Haar des Maltesers, besonders hinter den Ohren!

Körperliche Merkmale

Von der Körpergröße her klein, wiegt der Malteser im Allgemeinen zwischen 1,8 und 2,8 Kilo und nach englischen Vorgaben sollte die Schulterhöhe vom Widerrist zum Boden nicht mehr als 25,5 cm betragen. Der Malteser ist eine kompakte Rasse, die Länge vom Widerrist zum Rutenansatz ist fast identisch mit der Schulterhöhe. Auch wenn klare Unterschiede zwischen Rüden und Hündinnen bestehen, so sind doch beide Geschlechter immer noch Kleinhunde.

Farbe und Haarkleid

Das weiße Haar ist natürlich der Glanzpunkt der Gesamterscheinung und dies

Tränenspuren

Die dunklen Flecken im weißen Gesicht des Maltesers stören viele Besitzer doch erheblich. Manchmal sind verklebte Tränenkanäle oder auf dem Auge aufliegende Wimpern der Grund, meist aber liegt es nur an mangelnder Reinlichkeit. Es gibt heute viele Mittel, um diese Flecken zu entfernen.

muss stets gepflegt werden, damit es immer sauber und in bester Verfassung bleibt. Die meisten Malteserbesitzer rollen das Kopfhaar zu einem putzigen kleinen Dutt auf, so dass die Augen frei von Haaren und sichtbar sind. Sicherlich ein dekoratives Element in der ohnehin attraktiven Gesamterscheinung des Maltesers, der so viele hingebungsvolle Freunde der Rasse gefunden hat und das völlig zu Recht.

Den Topknot oder Schopf gibt es in mehreren Formen. Er war anfangs nur ein Mittel, die Haare aus den Augen zu halten, wurde aber dann zum eleganten Bestandteil der Erscheinung des Maltesers

Auch wenn das lange weiße Haar glänzend aussieht und ständiger Pflege bedarf, so gibt es bei dieser Rasse keine Unterwolle wie beim Bichon Frisé, einer verwandten Rasse. Das macht die Haarpflege ein wenig einfacher. Ein weiterer Vorteil ist, dass ein gut gepflegtes Haarkleid sich nicht so häufig erneuert, dass man auf allen Teppichen und Möbelstücken Malteserhaare fände.

In der Textur ist das Haar seidig und darf niemals wollig sein, ein weiterer Unterschied zwischen dem Malteser und seinen Verwandten. Auch wenn es eine reichliche Länge haben soll, so darf es doch nicht so lang oder reichlich sein, dass es die Bewegung des Hundes hindert. Bei Ausstellungshunden kann ein reiches Haarkleid eine Vielzahl von Schwächen verdecken. Gute Richter werden jedoch den Hund stets sorgfältig abfühlen, so dass körperliche Mängel unter dem üppigen Haarkleid nicht verborgen bleiben.

Haarfarbe und Fellzustand sind beim Malteser von großer Wichtigkeit; entsprechend müssen die Besitzer sich darauf einstellen, dass sie einigen Aufwand treiben müssen, um das Haar in erstklassiger Verfassung zu erhalten, so dass es weder schmutzig noch ungekämmt aussieht. Ein weißes Haarkleid bleibt eben nur dann sauber, wenn es häufig gebadet wird.

Die Farbe des Haars beim Malteser ist stets weiß, aber kleine gelbe Abzeichen sind statthaft. Das strahlende Weiß des Fells bildet zu der schwarz pigmentierten Nase und den dunklen Augen mit ovalem Lidspalt und den schwarz pigmentierten Lidrändern einen schlagenden Kontrast. Sogar die Pfotenballen sollten stets schwarz sein.

Klein wie ein Eichhörnchen

Die Größe des Maltesers schwankte im Lauf der Zeiten, in der Vergangenheit wurde sie mit der Größe eines Eichhörnchens verglichen. Es wurde oft berichtet, dass Damen sie in ihren weiten Ärmeln mit sich herumtrugen und man liest sogar, dass sie manchmal aus dem Dekolleté hervorlugten!

Gesundheitsaspekte

Im Allgemeinen ist der Malteser ein gesunder und robuster kleiner Hund. Dennoch kann es wie bei allen anderen Rassen zu Gesundheitsstörungen kommen. Wenn jedoch die Besitzer wissen, was vorkommen kann, sind sie am besten darauf vorbereitet, damit zurechtzukommen. Einige dieser Störungen sind genetisch verankert und erblich, andere nicht. Ganz offensichtlich bedarf es in vielen Fällen der Vorstellung beim Tierarzt und dessen Behandlung, aber nach der Überzeugung ihrer Besitzer sprechen viele Malteser auf pflanzliche und homöopathische Behandlung gut an, also sollte man diese auch in Erwägung ziehen. Die Zahl der Tierärzte, die homöopathische Behandlung und pflanzliche Medikamente neben ihrer Schulmedizin anwenden, steigt ständig; man muss jedoch mitunter eine Weile suchen, bis man solche Tierärzte findet.

Lecken

Manchmal führt schon eine leichte Hautreizung dazu, dass ein Hund diese Stelle ständig leckt und schnell kann das auch zur Gewohnheit werden. Beim Malteser führt ein solches Belecken dazu, dass die abgeleckten Fellpartien rosafarben verfärbt werden, also müssen die Besitzer solche Gewohnheiten verhindern. Heute gibt es die verschiedensten Tinkturen, die einem Hund das Belecken verleiden – meist schmecken die so bitter, dass dies schnell unterbleibt.

Bewegungsprobleme

Viele Kleinhunde leiden an Veränderungen an den Kniescheiben und ihrer

Fettleibigkeit bei älteren Hunden

Ältere Malteser neigen dazu, übergewichtig zu werden. Das dichte Haarkleid täuscht den Besitzer über die wahre Körperform, wenn der Hund zu dick ist. Falsches oder zuviel Futter ist meist die Ursache; in vielen Fällen braucht ein älterer Hund anderes Futter als ein junger Hund.

Aufhängung, bekannt unter dem Begriff Patellarluxation, meist sind nur einzelne Tiere davon befallen. Sorgfältige Züchter unterziehen ihre Zuchthunde regelmässig einer Gesundheitsuntersuchung beim Tierarzt, weil sie Bewegungsstörungen vermeiden wollen.

Es ist auch in diesem Zusammenhang wichtig, dass Hunde nicht übergewichtig sein sollten, denn dies verschlimmert das Leiden.

Viele Hunde leben mit dieser Erkrankung ihr ganzes Leben anscheinend ohne dass sie Schmerzen empfinden, bei anderen muss aber operiert werden, danach sind die Chancen auf Besserung recht gut.

Blasensteine

Auch wenn sie nicht häufig auftreten, können Blasensteine – sie treten bei kleinen Rassen häufiger auf als bei großen – doch zu schmerzhaften Zuständen führen. Symptome sind das häufige Absetzen von Urin, Blut im Urin und offenbare Schmerzen beim Urinieren, allgemeiner Schwächezustand, Depressionen und Appetitlosigkeit.

Hier bedarf es sofortiger tierärztlicher Hilfe, denn Blasensteine können zu dauerhaften Nierenschäden führen, mittelbar sogar zum Tod. In vielen Fällen können diese Steine mit entsprechender Diät unter tierärztlicher Aufsicht aufge-

Ein Riesenpaket Zuneigung komprimiert in einem kleinen Hund: der Malteser liebt menschliche Nähe.

löst werden, manche Steine jedoch können nur operativ entfernt werden.

Gebiss

Wie viele Kleinhunderassen verlieren auch manche Malteser ihr Dauergebiss ziemlich früh. Es ist daher wichtig, Zähne und Zahnfleisch stets sorgfältig zu kontrollieren, um sie stets gesund erhalten zu können, denn auf Verfall folgen Infektion und Verlust.

Infektionen des Zahnfleischs schaden nicht nur dort – die Bakterien werden im Blutkreislauf weitergeleitet und können Erkrankungen der Leber, der Nieren, des Herzens oder der Gelenke auslösen. Also noch mehr Gründe, während des ganzen Hundelebens das Gebiss sorgfältig zu pflegen. Außer dem Bürsten der Zähne und dem Anbieten von ungefährlichen Kauartikeln, beispielsweise Nylonknochen, sollten Malteserbesitzer ihre Hunde regelmäßig beim Tierarzt zum Prüfen und eingehenden Reinigen des Gebisses vorstellen.

Maulgeruch

Der Grund für üblen Maulgeruch ist häufig Folge von Problemen mit Zähnen und Zahnfleisch, er kann aber auch von Verdauungsproblemen herrühren oder gar von Nierenerkrankungen. Sollte der Grund in Verdauungsproblemen liegen, kann mitunter die Gabe von Aktivkohle, in Tabletten oder Granulatform helfen. Auch Chlorophylltabletten helfen gut dagegen.

Augenprobleme

Das lange Haar des Maltesers kann auf den Augäpfeln Reizungen verursachen,

> ### Wie man seinen Hund wiegt
> Am besten benutzen Sie hierzu die Badezimmerwaage. Wiegen Sie sich zuerst ohne Hund, dann mit dem Hund auf dem Arm. An der Differenz ersehen Sie, wieviel Ihr Malteser wiegt.

die dann in Bindehautentzündungen übergehen können und so eine vermehrte Absonderung von Tränenflüssigkeit bewirken. In der Folge entstehen mehr Verfärbungen im Fell unter dem Augenwinkel, die man bei hellfarbigen Hunden deutlich sieht. Daher müssen die Augen stets sauber gehalten werden, bei dieser Rasse ein unverzichtbarer Routinebestandteil der täglichen Pflege.

Bei kleinen Rassen sind auch Geschwüre der Augen nicht unbekannt und bei jeglichem Anzeichen hierfür sollte sofort der Tierarzt aufgesucht werden um dauerhaften Schaden abzuwenden, auch wenn Schäden oft von Stößen oder Kratzern beim Spielen herrühren. Es gibt Spezialisten für Tieraugenheilkunde, die hier am besten raten und helfen können, sie verschreiben auch Salben und Tropfen, die häufig das Problem rasch beheben.

Ohrenprobleme

Die Tatsache, dass der Malteser so helles Haar hat, macht es einfach, Ohrenprobleme schon in ihrem frühesten Stadium zu entdecken. Denn Infektionen des Ohrs äußern sich stets in einem dunklen, übelriechenden Ausfluss, die

Ein Hund mit gesunden Augen
und ohne Tränenspuren.

Das lange Haar des Maltesers kann die Augen irritieren. Daher muss als Teil der täglichen Pflege die Augengegend sauber und frei von überlangen Haaren gehalten werden.

Ohren entzünden sich, werden rot und wund. Da dies Schmerzen verursacht, kratzt sich der Hund an diesem Ohr und hält den Kopf oft auch schief. Das Sauberhalten der Ohren gehört zur Routinepflege, jegliche Veränderung sollte dem Tierarzt zur Bewertung vorgestellt werden – oft bewirken schon Tropfen eine Heilung, danach aber ist häufige, sorgfältigste Pflege zur Vorbeugung von Wiederholungen angesagt.

Getreidesamen

Malteser sind klein, laufen nah am Boden und haben lange Ohren und langes Haar. Folglich bleiben bei ihnen mitunter Getreide- und Grassamen hängen, die mit spitzen Widerhaken versehenen Enden können gar in die Haut eindringen. Auch wenn der Hund die Samen irgendwo mit dem Körper abstreift, so können diese doch wandern und dort in die Haut eindringen, wo sie schließlich zu Abszessen führen. Manche geraten gar in die Nasenlöcher oder zwischen die Zehenballen. Daher ist der Malteser stets nach jedem Spaziergang genauestens zu untersuchen, insbesondere im Spätsommer und im Herbst. Beim kleinsten Anzeichen von Irritation des Hundes ist der Grund sofort festzustellen.

Andere Gesundheitsprobleme

Es gibt selbstverständlich noch viele andere Gesundheitsstörungen bei Hunden, es ist aber nicht möglich, sie alle hier zu behandeln. Je länger Sie Ihren Malteser kennen, um so eher werden Sie feststellen, wenn irgend etwas nicht in Ordnung zu sein scheint. Und da kann oft ein Besuch beim Tierarzt ein Problem schon im Keim ersticken. Es ist immer besser, wenn die Erkrankung rechtzeitig und effektiv behandelt wird.

Wie alle Hunde, so spielt auch der Malteser gerne draußen. Er bringt mit seinem langen Haar manchmal Samen oder andere Fremdkörper mit herein. Kontrollieren Sie das Haar und die Haut Ihres Maltesers daher regelmäßig.

Hunde sind gut für Ihr Herz!

Normalerweise kauft man sich einen Hund, um einen treuen Begleiter zu haben. Neue Studien haben gezeigt, dass Hunde auch Ihre Gesundheit und Ihre Aktivität positiv beeinflussen. So erkranken Hundebesitzer seltener an den Herzkranzgefäßen. Auch wenn Sie es gar nicht merken, durch die Pflege, das Training und die täglichen Spaziergänge tun Sie auch etwas für Ihre eigene Gesundheit. Hundebesitzer halten sich an einen strikteren Tagesablauf, der auch ihrer eigenen Gesundheit zugute kommt. Hunde lehren uns auch Geduld, geben uns ihre uneingeschränkte Zuwendung und zeigen uns, wie wichtig ein wahrer Freund zum Kuscheln ist.

Der Standard des Maltesers

Der Rassestandard für den Malteser ist die Beschreibung eines Musterbildes der Rasse. Er beschreibt die verschiedenen Merkmale in Worten, so dass sich der Leser im Geiste ein Bild des idealen Maltesers machen kann. Allerdings: leichter gesagt als getan! Der Rassestandard kann von Land zu Land unterschiedlich sein und die Menschen interpretieren den Wortlaut oft unterschiedlich. Dies führt dazu, dass Zuchtrichter selten den gleichen Hund als Musterbild einer Rasse auswählen, entsprechend ihrer Interpretation, welcher Hunde dem in Worten beschriebenen Standard am nächsten kommt. Das heißt aber nicht, dass Spitzenhunde nicht immer wieder unter den verschiedensten Richtern erfolgreich sind oder, dass weniger typische Hunde eben nicht auf die vorderen Ränge kommen können, insbesondere, wenn hochtypische Hunde mit im Wettbewerb sind.

Die Rassestandards, weltweit von den Dachverbänden vorgelegt, sichern die einheitliche Erscheinungsform des Maltesers. Auch wenn es den perfekten Malteser niemals geben kann, so gibt der Standard Züchtern eine Zielvorstellung für ihre Arbeit.

FCI-Standard des Maltesers

Allgemeines Erscheinungsbild
Klein, mit gestrecktem Rumpf. Von einem sehr langen, weißen Haarmantel bedeckt, ist er sehr elegant und trägt den Kopf stolz und vornehm.

Wichtige Proportionen
Die Rumpflänge übertrifft die Widerristhöhe um etwa 38 %. Die Kopflänge entspricht 6/11 der Widerristhöhe.

Verhalten ubnd Charakter (Wesen)
Lebhaft, zärtlich, sehr gelehrig, sehr intelligent.

Kopf
Seine Länge entspricht 6/11 der Widerristhöhe. Er ist eher breit, seine Breite übertrifft ein wenig die halbe Länge.

Oberkopf
Schädel Es ist etwas länger als der Fang, die Breite zwischen den Jochbeinbögen entspricht seiner Länge und ist damit breiter als die halbe Kopflänge. In sagittaler Richtung ist er von leicht eiförmiger Form. Die obere Schädelpartie ist flach, der Hinterhauptfortsatz ist wenig ausgeprägt; die Vorsprünge des Stirnbeins und die Augenbrauenbögen sind gut entwickelt; die Stirnfurche ist nicht sichtbar, da wenig ausgeprägt. Die Schädelseiten sind ein wenig konvex.
Stop Der Stirnabsatz ist stark betont und bildet einen Winkel von 90°.

Gesichtsschädel

Nasenschwamm In der Verlängerung des Nasenrückens gelegen, steht, im Profil betrachtet, seine Vorderseite senkrecht. Groß, die Nasenlöcher sind geöffnet, er ist abgerundet und unbedingt schwarz pigmentiert.

Fang Die Fanglänge entspricht 4/11 der Kopflänge; sie ist demnach ein wenig kürzer als dessen halbe Länge. Der Bereich unterhalb der Augen ist gut gemeißelt. Seine Tiefe ist um etwas mehr als 20 % geringer als seine Länge. Die Seiten sind zueinander parallel, dennoch darf der Fang von vorne betrachtet nicht viereckig erscheinen, da seine Vorderfront bogenförmig in die Seitenflächen übergeht. Der Nasenrücken ist gerade mit einer gut ausgeprägten Furche in seiner mittleren Partie.

Lefzen Von vorne besehen haben die Oberlefzen an ihrer Verbindungsstelle die Form eines sehr offenen Bogens. Sie sind in ihrer Tiefe wenig entwickelt, und der Lippenwinkel ist nicht sichtbar. Die Seitenansicht der Fang nach unten durch den Unterkieferknochen begrenzt wird. Der Lefzenrand muß unbedingt schwarz pigmentiert sein.

Kiefer Normal entwickelt, nicht kräftig, passen sie perfekt zusammen. Der Unterkieferknochen, dessen Äste geradlinig verlaufen, ist in seiner Frontpartie weder vorstehend noch zurückfliehend.

Zähne Die Zahnbogen passen perfekt zueinander und schließen als Schere. Die Zähne sind weiß, das Gebiss ist gut entwickelt und vollständig.

Augen Offen, von lebhaftem, aufmerksamen Ausdruck; sie sind größer als durchschnittlich; die Lidöffnung ist nahezu

Der perfekte Hund

Der Standard beschreibt den idealen Vertreter einer Rasse, wie er von der FCI und ihren jeweiligen Landesverbänden anerkannt wird. Von Land zu Land kann es dabei in einigen Punkten kleinere Unterschiede geben.

Rassestandards dürfen nicht einfach geändert werden. So wird vermieden, dass der Standard danach ausgerichtet wird, wie die Hunde gerade aussehen. Denn die Zucht einer Rasse soll sich nach dem gültigen Standard richten – nicht umgekehrt. Wird ein neuer Standard vorbereitet oder ein bestehender geändert, bezieht sich dieser deshalb immer auch auf Gesundheit und Wohlergehen zukünftiger Hunde.

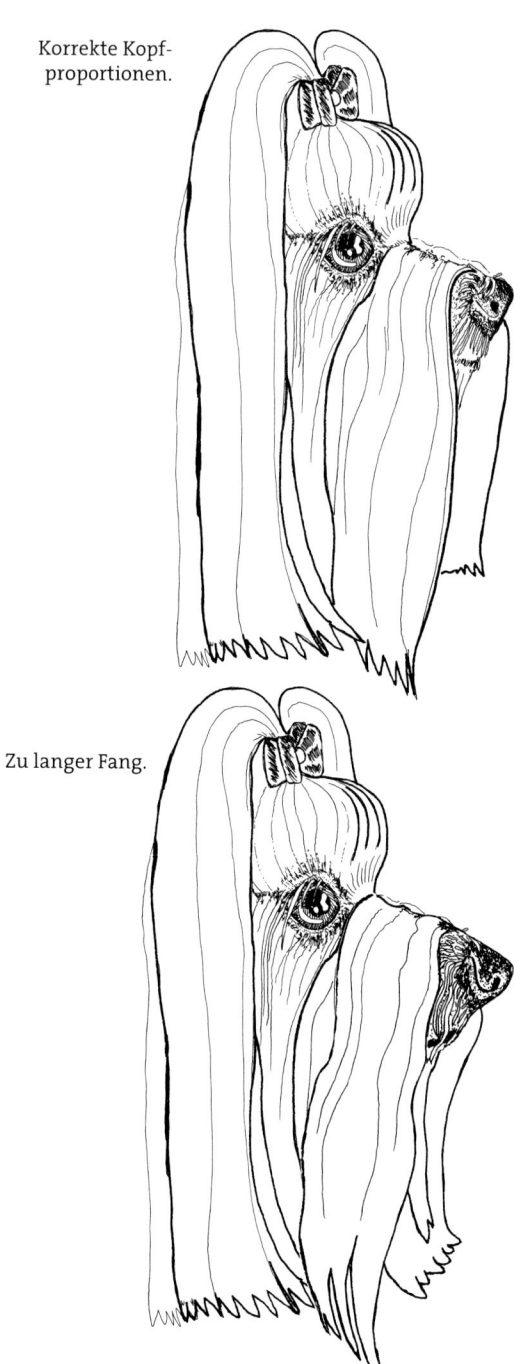

Korrekte Kopf-
proportionen.

Zu langer Fang.

kreisförmig. Die Augenlider haben engen Kontakt mit dem Augapfel, der nie tief liegen darf, sondern fast bündig mit dem Kopf ganz leicht hervortritt. Die Augen liegen nach vorne auf fast gleicher Ebene. Von der Seite betrachtet darf die Sklera nicht sichtbar sein; sie sind von der Farbe dunklen Ockers; die Lidränder sind schwarz.

Ohren Nahezu dreieckig, ihre Breite entspricht ungefähr 1/3 ihrer Länge. Sie sind hoch über dem Jochbein angesetzt, kaum abgehoben, hängend getragen und an den Schädelseiten anliegend.

Hals Obwohl er mit reichlich Haar bedeckt ist, setzt er sich deutlich erkennbar vom Nacken ab. Seine obere Linie verläuft gebogen. Seine Länge entspricht etwa der halben Widerristhöhe. Er wird aufrecht getragen und zeigt keine lose Haut.

Körper Zwischen Buggelenk und Sitzbeinhöcker gemessen, übertrifft seine Länge die Widerristhöhe um 38%.

Obere Profillinie Sie verläuft bis zum Rutenansatz geradlinig.

Widerrist Der Widerrist ragt leicht aus der Rückenlinie hervor.

Rücken Seine Länge entspricht etwa 65 % der Widerristhöhe.

Kruppe In der Verlängerung der Rücken-Lendenlinie gelegen, ist die Kruppe sehr breit und lang; ihre Neigung zur Horizontalen beträgt 10°.

Brust Brustkasten geräumig und reicht über die Höhe der Ellbogen hinab; Rippen nicht sehr stark gewölbt. Der Brustumfang übertrifft um 2/3 die Widerristhöhe. Brustbeinpartie sehr lang.

Rute In der Verlängerung der Kruppe angesetzt; dick an der Wurzel, dünn an der Spitze. Die Länge entspricht etwa 60 % der

Widerristhöhe. Sie formt einen einzigen großen Bogen, dessen Endpunkt zwischen die Hüftknochen fällt und der die Kruppe berührt. Eine seitwärts zu einer Rumpfseite hin gekrümmte Rute wird toleriert.

Gliedmaßen

Vorderhand In ihrer Gesamtheit betrachtet, liegt die Vorderhand gut am Körper an und die Läufe stehen senkrecht.

Schulter Ihre Länge entspricht 1/3 der Widerristhöhe und sie ist zur Horizontalen um 60° bis 65° geneigt. Im Verhältnis zur Medianebene des Rumpfes nähert sie sich der Senkrechten.

Oberarm Länger als die Schulter, er mißt 40 bis 45 % der Widerristhöhe; seine Neigung zur Horizontalen beträgt 70°. In den oberen zwei Dritteln schmiegt er sich gut an den Rumpf an und in seiner Längsrichtung ist er zur Medianebene des Rumpfes nahezu parallel.

Ellenbogen Parallel zur Medianebene des Rumpfes.

Unterarm Er ist trocken, mit wenigen sichtbaren Muskeln, aber im Vergleich zur Größe der Rasse von eher kräftigem Knochenbau. Er ist kürzer als der Oberarm und misst 33 % der Widerristhöhe. Die Höhe, gemessen zwischen Boden und Ellbogenspitze, entspricht ungefähr 55 % der Widerristhöhe.

Vorderfußwurzelgelenk In der Lotrechten des Unterarms gelegen, sehr beweglich, ohne Verdickungen.

Vordermittelfuß Er hat dieselben Merkmale wie die Fußwurzel und steht aufgrund seiner geringen Länge senkrecht.

Vorderpfoten Rund, Zehen eng aneinanderliegend und gewölbt; der Mittel- und die Zehenballen sind schwarz; die

Vorderansicht eines korrekten Kopfes.

Falsche Kopfproportionen, Vorderansicht.

Haarkleid des Welpen.

konvex. Zur Medianebene des Rumpfes liegt er parallel zur Vertikalen verläuft er von oben nach unten und von hinten nach vorne etwas geneigt, seine Länge liegt nahe bei 40 % der Widerristhöhe und seine Breite unterschreitet die Länge um ein weniges.

Unterschenkel Mit kaum sichtbarer Rille zwischen Achillessehne und Knochen, zur Horizontalen um 55° geneigt. Er ist um weniges länger als der Oberschenkel.

Sprunggelenk Der vordere Sprung-gelenkwinkel beträgt 140°.

Hintermittelfuß Der Abstand zwischen dem Boden und der Sprunggelenkspitze ist um weniges länger als 1/3 der Wider-risthöhe. Seine Länge entspricht der Sprunggelenkhöhe. Er steht völlig senk-recht.

Hinterpfoten Rund wie die Vorderpfoten, mit denen sie alle Merkmale gemein haben.

Gangwerk Gleichmäßig, nahe am Boden gleitend, frei, im Trab mit kurzen und sehr schnellen Tritten.

Haut Am ganzen Körper gut anliegend, ist sie mit dunklen und Flecken von wein-roter Farbe pigmentiert, besonders auf dem Rücken. Die Lidränder, die Nickhäute und die Lefzenränder sind schwarz.

Krallen ebenfalls schwarz oder zumindest von dunkler Farbe.

Hinterhand Die Läufe sind von kräftigem Kno-chenbau, in ihrer Gesamtheit betrachtet zuein-ander parallel und, von hinten betrachtet, senk-recht vom Sitzbeinhöcker bis zum Boden.

Oberschenkel Mit kräftiger Muskulatur ver-sehen, seine hintere Begrenzung verläuft

Haarkleid

Haar Dicht, glänzend, schimmernd, schwer herabfallend und von seidiger Textur; es ist auf dem ganzen Körper lang und bleibt in seiner ganzen Länge glatt, ohne Spuren von Locken oder Kräu-selung. Auf dem Rumpf muß seine Län-ge die Widerristhöhe übertreffen und schwer auf den Boden fallen, wie ein gutsitzender Umhang, der sich dem

Haarkleid des erwachsenen Maltesers mit richtigem Rutensitz, gebogen über dem Rücken getragen.

Körper anschmiegt, ohne sich zu öffnen und ohne Locken oder Flocken zu bilden. Locken und Flocken sind zulässig an den vorderen Gliedmaßen vom Ellbogen bis zur Pfote und an den hinteren Gliedmaßen vom Knie bis zur Pfote. Es gibt keine Unterwolle. Auf dem Kopf ist das Haar sehr lang, auf dem Nasenrücken so lang, dass es sich mit dem Barthaar vermengt und auf dem Schädel so lang, dass es hinabreicht, bis es sich mit dem Haar der Ohren vermengt. Auf der Rute fällt das Haar nur zu einer Rumpfseite, d.h. auf die Flanke und den Schenkel, und es ist so lang, daß es bis zum Sprunggelenk reicht.

Farbe Reines Weiß; eine blasse Elfenbeintönung ist zulässig. Spuren einer blassen Orangetönung, die den Eindruck von verschmutzten Haaren hervorruft,

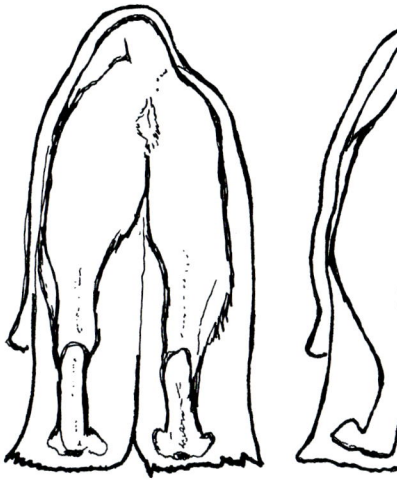

Vergleich der Hinterhand: die linke Zeichnung zeigt korrekten Knochenbau, rechts fehlerhafter Bau mit einwärts gedrehten Sprunggelenken.

werden toleriert, sind aber unerwünscht und stellen eine Unvollkommenheit dar.

Größe und Gewicht
Widerristhöhe Rüden 21 bis 25 cm, Hündinnen 20 bis 23 cm.
Gewicht Von 3 bis 4 kg.

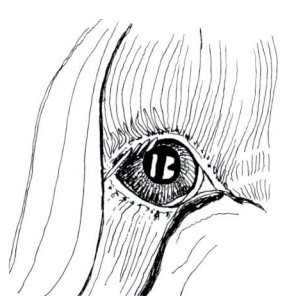

Falsche Form des Lidspalts, keine schwarzen Lidränder.

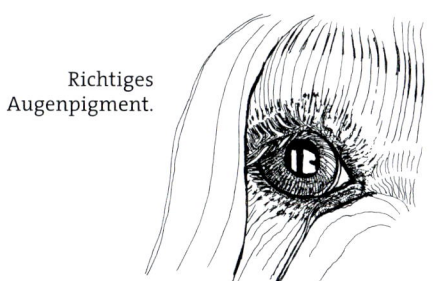

Richtiges Augenpigment.

Verantwortungsvoll züchten
Falls Sie mit Ihrer Hündin züchten wollen, sollten Sie mit dem Rassestandard vertraut sein. Ein verantwortungsvoller Züchter züchtet mit dem Ziel, Hunde hervorzubringen, die dem Standard möglichst nahe kommen. Schauen Sie sich den Standard genau an – hinsichtlich der äußerlichen und auch der Wesensmerkmale. Vergewissern Sie sich, ob Ihre Hündin und der Deckrüde diese Vorgaben erfüllen.

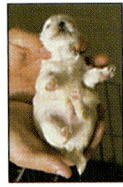

Ihr Malteser als Welpe

Was hat Sie bewogen, sich für einen Malteser als Haustier zu entscheiden? Vielleicht geschah es während eines Besuchs bei Freunden oder Bekannten, als Sie einen wohlerzogenen und glücklichen Hund sahen, der um das Haus tobte, sich sehr gut selbst beschäftigen konnte und zudem äußerst schön aussah.

Als neuer Besitzer müssen Sie berücksichtigen, dass es um viel mehr geht als um Sorge, Pflege, Verpflichtungen und sorgfältige Ausbildung. Es geht darum, einen kleinen ausgelassenen Welpen zu einem wohlerzogenen, anständigen, ausgewachsenen Hund zu erziehen. Die Verantwortung für einen Welpen beginnt mit der Grunderziehung und dauert ein Hundeleben von etwa vierzehn Jahren, möglicherweise sogar länger. Einen Hund

kann man nicht nach einigen Monaten oder ein paar Jahren ausrangieren. Man kann ihn auch nicht umtauschen, nachdem das Neue seinen Reiz verloren hat. Mit dem Kauf eines Hundes übernimmt man die Verantwortung für ein Lebewesen, für sein ganzes Hundeleben.

Auch wenn Malteser von ihrem Temperament her sicher einfacher zu erziehen sind als viele andere Rassen, dürfen Sie die Erziehung dennoch nicht schleifen lassen. Eine strenge Hand ist sicher der falsche Weg, diese freundliche Rasse zu erziehen, aber zeigen Sie Ihrem kleinen

Gefährten doch deutlich, was er darf und was ihm nicht gestattet ist.

Malteser sind im allgemeinen sehr sauber. Sie müssen Ihrem Welpen aber beibringen, was von ihm erwartet wird und was nicht erlaubt ist. Ihre Anweisungen sollten konsequent sein. Nichts verunsichert einen Hund mehr als wenn er heute etwas darf, was ihm morgen verboten ist. Ihr Malteser möchte Ihnen stets gefallen. So sollten Sie ihm eindeutige Befehle erteilen, die Sie stets mit einem Erfolgserlebnis für den Hund abschließen. Obwohl ein Hund, der vom äußeren Erscheinungsbild her sehr klein ist, Ihnen weitaus weniger Ärger bereitet als ein großer Hund, wird es zweifellos auch Zeiten geben, in denen der kleine Freund einige Dummheiten anstellt.

Seien Sie also während der ersten Wochen des gemeinsamen Zusammenlebens auf Missgeschicke im Haus vorbereitet. Sehr wichtig ist es jetzt wertvolle Vasen, Nippes und andere zerbrechliche Gegenstände sicher aufzubewahren. Als nächstes überlegen Sie immer, an welchem Ort Sie heiße Kaffee- oder Teetassen hinstellen. Kleine Unfälle können und werden passieren. Sie müssen nur vorausschauend denken, damit diese nach Möglichkeit von vornherein vermieden werden können. Elektrische Leitungen sollten so angebracht sein, dass sie dem Hund verborgen bleiben. Zeigen Sie Ihrem Welpen möglichst sofort, in welchen Raum er darf und welcher nicht erlaubt ist.

Bevor Sie eine endgültige Entscheidung über die Anschaffung eines Welpen treffen, überdenken Sie auch Ihre künftigen Planungen für Reisen, Urlaub etc.

Überlegungen zur Zucht

Die Entscheidung zu züchten ist etwas, das im Vorfeld genau durchdacht und geplant sein muss. Manche Leute denken, dass die Zucht Geld bringt und die Hündin glücklicher macht. Aber leider verstärkt unüberlegtes Züchten das wachsende Problem einer Überpopulation von Haustieren und hinterlässt ein beachtliches Loch in Ihrem Geldbeutel. Für die Hündin ist das Werfen und die Aufzucht der Welpen nicht einfach und setzt sie ganz schön unter Stress. Letztendlich sollten Sie überlegen, ob Sie in der Lage sind, für einen ganzen Wurf Welpen zu sorgen. Ansonsten sollten Sie nur dann züchten, wenn Sie vorher schon genügend ernsthafte Interessenten für Ihre Welpen gefunden haben.

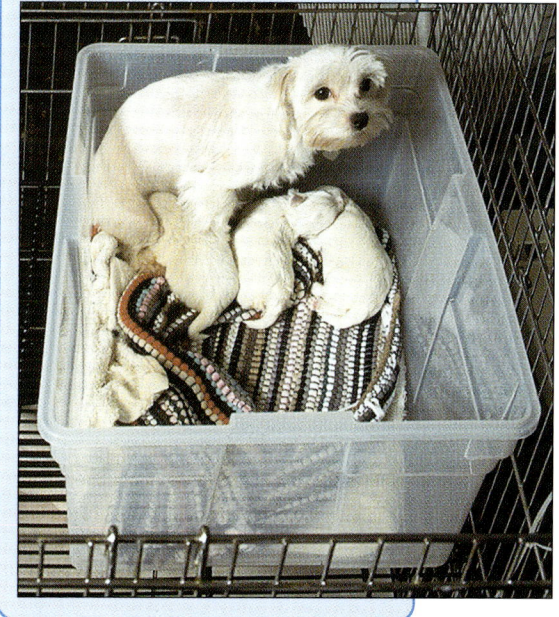

Wussten Sie schon?

Vor allem der Welpe leidet, wenn er von jemandem erworben wurde, der ihm nicht die nötige Zeit und Zuwendung schenkt. Diese vernachlässigten Welpen werden oftmals von ihren frustrierten Besitzern in ein Tierheim abgeschoben. Alle Überlegungen, die Sie vor der Anschaffung des Welpen anstellen, dienen dem Wohl des Hundes genauso wie Ihrem eigenen. Je umfassender Sie sich informiert haben, desto klarer ist Ihnen, was auf Sie zukommt. Sie werden besser mit den Höhen und Tiefen der Welpenaufzucht umgehen können. Alle Mitglieder Ihres Haushalts müssen bereit sein, ihren Teil bei der Pflege und der Erziehung des Hundes zu übernehmen. Die erste Begeisterung führt oft zu großen Versprechungen („Ich werde jeden Tag mit ihm spazierengehen!" – „Ich werde ihn füttern!" – „Ich werde ihn stubenrein bekommen!") Dies wird jedoch schnell vergessen, wenn der Reiz des Neuen vergangen ist und man merkt, dass diese Dinge Zeit und Mühe erfordern.

Je nachdem, in welches Land Sie reisen möchten, gilt es bestimmte Einreisebeschränkungen für den vierbeinigen Freund zu beachten. Reisebüros, Tierärzte und auch die Zollbehörden geben Auskunft darüber.

Wenn Sie dies alles sorgfältig durchdacht und die Angelegenheit gründlich mit Ihrer Familie besprochen haben, werden Sie sicherlich zu einer richtigen Entscheidung gekommen sein. Sollte Ihre Entscheidung für einen Malteser gefallen sein, bedeutet dies sicherlich eine lange und glückliche Freundschaft für alle Beteiligten.

Kauf eines Malteser-Welpen

Auch wenn Sie einen Malteser als Haustier statt als Ausstellungshund wählten, bedeutet dies nicht, dass Sie einen Hund bekommen, der in irgendeiner Weise „zweitklassig" ist. Ein gewissenhafter Züchter wird den gesamten Wurf mit allen Welpen mit gleicher Verantwortung aufziehen. Mit Sicherheit ist ein als Haustier bestimmter Welpe genauso gesund wie ein Welpe, der auf Ausstellungen zu Ehren kommt. Dies wird zumindest immer der Wunsch jedes Züchters sein. Gerade weil Sie sich genau diese Rasse ausgesucht haben, wollen Sie auch einen typischen Vertreter der Rasse in Aussehen und Wesen. Lassen Sie bei der Wahl eines geeigneten Züchters die nötige Vorsicht walten. Der VDH (Verband für das Deutsche Hundewesen e.V.) gibt Ihnen die nötigen Auskünfte über eingetragene Rassehundeklubs für den Malteser. Bei den Rasseklubs sind Welpenvermittlungsstellen eingerichtet, die über Adressen der Züchter verfügen, die zur Zeit Welpen abzugeben beziehungsweise. zu erwarten haben. Mit den geeigneten Anschriften in der Hand liegt es nun an Ihnen, den richtigen Welpen zu finden. Auch wenn Sie keinen Showhund suchen, ist es immer eine gute Idee, eine Ausstellung zu besuchen: Sie sehen Hunde von einer Qualität, dem Standard entsprechend. Außerdem gibt es Ihnen Gelegenheit mit Züchtern ins Gespräch zu kommen. Diese werden in der Lage sein, einige Ihrer Fragen zu beantworten. Außerdem bekommen Sie einen Eindruck davon, welcher Züchter seinen Hunden die beste Sorgfalt zukommen lässt und welcher den Welpen wahrscheinlich den bestmöglichen Start ins Leben gegeben hat.

Wenn Sie Ihren Welpen kaufen, wird Ihnen vom Züchter zusammen mit den Abstammungspapieren (Ahnentafeln etc.) der Impfpass ausgehändigt. Alle Welpen müssen vor der Wurfabnahme durch den Zuchtwart des jeweiligen Klubs von einem Tierarzt geimpft worden sein. Diese Impfungen werden in jedem Fall vom Tierarzt im Impfpass des Welpen dokumentiert.

Sie müssen nach vorgegebenem Impfschema wiederholt werden. Eine Entwurmung sollte der Züchter ebenfalls schon vorgenommen haben. Erkundigen Sie sich, welches Entwurmungsmittel in welchen zeitlichen Abständen verabreicht wurde. Über die Art der Verabreichung und der künftigen Eingaben wird Ihnen Ihr Tierarzt mit Rat zur Seite stehen. Der von Ihnen ausgesuchte Welpe muss in einer guten körperlichen Verfassung sein. Das Fell sollte gesund

Lassen Sie sich Zeit beim Welpenkauf

Um einen gesunden Welpen zu erwerben, ist es sehr wichtig für Sie, einen anerkannten Züchter zu finden, bei dem Sie sich wirklich wohlfühlen. Ein guter Züchter steht Ihnen auch nach dem Kauf noch für alle Fragen zur Verfügung und ist bei allen Problemen an Ihrer Seite, ohne dass Sie sich als Belastung fühlen müssten. Wenn Sie mit einem Züchter keine persönliche Basis finden, schauen Sie sich lieber noch nach einigen anderen um, bevor Sie Ihren Welpen kaufen.

Die Auswahl eines Welpen

Vor dem Kauf Ihres Welpen sollten Sie sich darüber im Klaren sein, ob Sie einen Ausstellungshund oder „nur" einen Familienhund haben möchten. Eine „Champion-Garantie" kann Ihnen kein Züchter geben, aber seine Erfahrung lässt zumindest eine Prognose zu. Auf jeden Fall sollte der Welpe ein gutes Wesen zeigen! Was nützt der schönste Hund, wenn er nicht das rassetypische Verhalten zeigt, weil der Züchter nur auf das Aussehen seiner Hunde achtet?

aussehen, und weder Augen noch Nase sollten Absonderungen aufweisen. Die Ohren sollten sauber gehalten werden und es sollten natürlich absolut keine Parasiten vorhanden sein. Die Haut des Welpen muss sauber und gesund aussehen, ohne einen Hinweis auf Ausschlag. Kein Welpe darf unter Erbrechen oder Durchfall leiden.

Wie bei anderen Rassen auch, kann bei einigen Malteser-Welpen ein Nabelbruch vorkommen. Man erkennt dies an einer Hautverdickung oder Hautausstülpung auf dem Bauch, dort wo ursprünglich die Nabelschnur befestigt war. Im Normalfall sollte keiner der Welpen einen Nabelbruch aufweisen. Deshalb sollten Sie gleich zu Beginn Ihrer Auswahl die Bäuche aller Welpen ansehen. Wenn ein Bruch vorhanden ist, sollten Sie den Schweregrad mit dem Züchter erörtern. Oft ist es ungefährlich, aber für den Fall eines operativen Eingriffs sollte Ihr Tierarzt darauf hingewiesen werden. Einigen Sie sich mit dem Züchter, wer die Kosten einer solchen Operation zu tragen hat.

Wussten Sie schon?

Sie sollten noch nicht einmal darüber nachdenken, einen krank aussehenden, überaus ängstlichen oder nervösen Welpen zu kaufen. Die Welpen sollten spätestens nach einer halben Stunde mit Ihnen vertraut geworden sein.

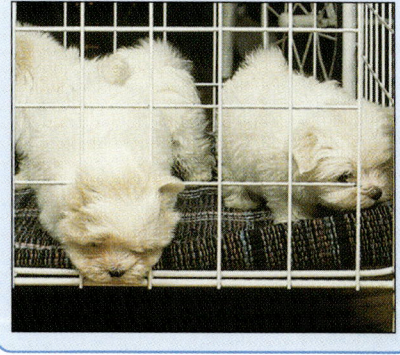

Informieren Sie sich beim Züchter über die Sozialisationsphase des Welpen, Spiel- und Auslaufmöglichkeiten und das Zusammenleben im Rudel mit den Wurfgeschwistern. Scheuen Sie sich nicht, dem Züchter auch unbequeme Fragen zu stellen. Ein gewissenhafter, verantwortungsbewusster Züchter wird Ihnen alles, so weit es in seiner Macht steht, ehrlich beantworten. Bestehen Sie immer darauf die Mutterhündin der Welpen zu sehen. Beobachten Sie ihr Verhalten zu den Welpen und auch ihr Verhalten Ihnen sowie dem Besitzer gegenüber. Da in den

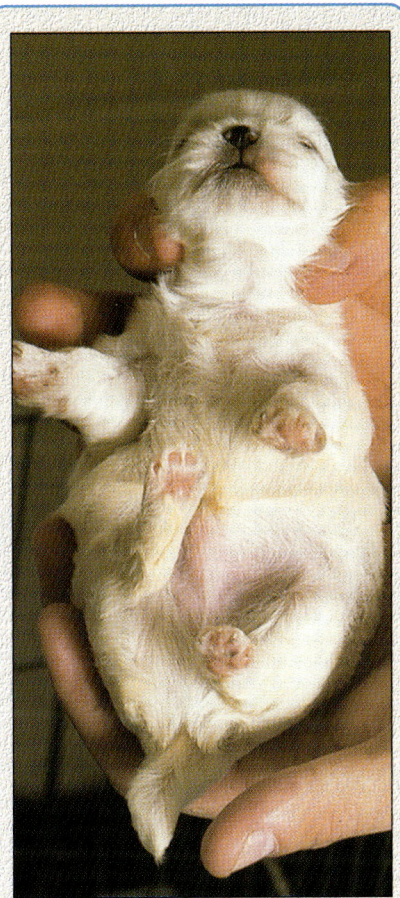

Der Eindruck des Welpen

Ihr Welpe sollte einen gut genährten Eindruck machen. Sein Bauch darf nicht aufgebläht sein, denn dies kann auf Wurmbefall und eine falsche Ernährung hinweisen. Die Bauchhaut sollte blass rosafarben und sauber sein. Sie darf keine Anzeichen eines Hautausschlags zeigen. Eventuell bei der Geburt vorhandene Wolfskrallen an den Hinterläufen sollten vom Tierarzt entfernt worden sein.

Wussten Sie schon?

Nach den strengen Zuchtbestimmungen des Verbandes für das Deutsche Hundewesen e.V. ist es nicht erlaubt, einen Welpen vor dem Alter von acht Wochen abzugeben. Bis dahin braucht er unbedingt den Kontakt zu seiner Mutter und den Geschwistern. Erst in der achten Lebenswoche erhält der Welpe seine erste Schutzimpfung. Ist Ihr Welpe beim Kauf schon älter, sollte er stubenrein und gut sozialisiert sein.

meisten Fällen der Zuchtrüde nicht im gleichen Haus beziehungsweise Zwinger anzutreffen ist, lassen Sie sich Fotos von ihm zeigen. Manchmal besteht die Möglichkeit, ältere Hunde aus einem vorangegangenen Wurf anzuschauen. Fragen Sie den Züchter, ob Sie frühere Welpenkäufer aufsuchen und sich über Größe, Wesen und Fellqualität des schon erwachsenen Hundes erkundigen dürfen. Üblicherweise schließt man beim Kauf von Haustieren einen Kaufvertrag ab. Ein verantwortungsvoller Züchter wird Ihnen selbstverständlich gestatten, den Vertrag vor Unterzeichnung mitzunehmen, damit Sie sich diesen genau durchlesen können. Ahnentafel und Impfpass gehören genauso zum Hund wie die Bestätigung des Eigentumsübergangs. Genauso wichtig wie ein Kaufvertrag ist eine gute Beziehung zwischen Ihnen und dem Züchter. Ein verantwortungsvoller Züchter ist jederzeit bereit, all Ihre Fragen zu beantworten, gewisse Ängste auszuräumen und Freuden zu teilen. Sorgsame Züchter halten für die Welpenkäufer eine kleine Ration des gewohnten Welpenfutters bereit, damit einem Umgebungswechsel nicht auch noch ein Futterwechsel folgt.

Rüde oder Hündin?

Ein wichtiger Punkt bei der Auswahl Ihres Welpen ist die Frage nach dem Geschlecht. Manchmal sind Hündinnen etwas leichter zu erziehen und etwas kleiner als Rüden. Zweimal jährlich werden Hündinnen für drei Wochen läufig und für Rüden interessant. Es ist ratsam, eine Hündin, mit der nicht gezüchtet werden soll, später kastrieren zu lassen.

Versicherungen

Eine Haftpflichtversicherung ist schon für einen Welpen dringend anzuraten. Für alle Schäden, die Ihr Hund verursacht, haften Sie! Züchter mit mehreren Hunden können eine Zwingerhaftpflichtversicherung abschließen. Bitte beachten: Ein Hund ist nicht automatisch in der Privathaftpflicht- oder Hausratversicherung mitversichert! Eine Hunde-Krankenversicherung kann Ihnen viel Geld ersparen, ist aber nicht billig. Vergleichen Sie die Leistungen der Gesellschaften, einige erstatten anteilmäßig die jährlichen Impfkosten.

Die Verantwortung des Hundehalters

Sie haben auf Ihrem Weg zum Hundebesitzer schon einige wichtige Entscheidungen getroffen. Der Malteser ist die Rasse Ihrer Wahl. Er passt aufgrund seiner Persönlichkeit am besten zu Ihnen und Ihrer Familie. Sie haben Kontakte zu Züchtern aufgenommen und sich vielleicht schon für einen entschieden. Wenn Sie einen Wurf in Aktion beobachtet haben, wissen Sie bereits einiges über die Dynamik der Welpen und ihres „Rudels" und können sich so ein Bild über die individuelle Persönlichkeit der einzelnen Welpen machen. Sie werden erkennen, welche Welpen zukünftige Rudelführer sein werden, welche weniger zugänglich, welche selbstsicher oder scheu, verspielt, freundlich oder aggressiv sind. Es ist jedoch ebenso wichtig, dass Sie zu erkennen lernen, wie ein gesunder Welpe aussehen und sich verhalten sollte. Alle diese Faktoren helfen Ihnen bei Ihrer Suche, und wenn Sie dann dem Malteser begegnen, der für Sie bestimmt ist, werden Sie ihn sofort erkennen. Vielleicht haben Sie sich sogar schon für einen bestimmten entschieden. Aber auch wenn Sie Ihren Traumhund noch nicht gefunden haben, es kommt der Tag, da läuft er Ihnen einfach über den Weg.

Sich Wissen über Ihre Rasse zu beschaffen, die Auswahl eines zuverlässigen Züchters und das Beobachten möglichst vieler Welpen sind allesamt wichtige Schritte auf dem Weg zu einem verantwortungsbewussten Hundehalter. Es sieht alles ziemlich mühevoll aus – und Sie haben Ihren Welpen noch nicht einmal in sein neues Zuhause eingeführt.

Vergessen Sie nicht, dass Sie gar nicht genug Vorsicht walten lassen können, wenn es darum geht, sich für einen bestimmten Hund zu entscheiden.

Der Kauf eines Welpen sollte niemals aus einer spontanen Stimmung heraus geschehen. Mit dem Kauf eines Welpen fügen Sie Ihrer eigenen Familie ein weiteres Mitglied hinzu! Nun werden Sie vielleicht sagen, dass der Kauf eines Welpen doch auch Spaß machen und keine derart ernste und aufwendige Sache sein muss. Vergessen Sie dabei nicht, dass ein Welpe kein kuscheliges Stofftier ist, sondern ein Lebewesen mit Bedürfnissen und Gefühlen, das als gleichwertiges Familienmitglied behandelt werden sollte. Sie werden schnell feststellen, dass der Kauf eines Welpen ein durchaus

Ein schönes Familienbild! Wenn Sie einen Welpen kaufen, verraten Ihnen Charakter und Austrahlung der Eltern viel über sein Wesen. Auch der Umgang zwischen Welpen und Elterntieren ist sehr interessant.

erfreuliches und aufregendes Erlebnis ist, das man jedoch keinesfalls auf die leichte Schulter nehmen sollte. Sie werden schnell erkennen, dass der erhoffte Spaß beginnt, sobald der Welpe in sein neues Zuhause eingezogen ist.

Halten Sie sich vor Augen, dass ein Welpe nichts anderes als in Baby in einer Fellkleidung ist, das in der Welt der Menschen völlig hilflos ist und sein Leben und Wohlergehen vertrauensvoll in Ihre Hände legt. Die Anforderungen gehen weit über Futter, Wasser und Schlafplatz hinaus, denn Ihr Welpe braucht Pflege, Schutz, Führung und Liebe. Wenn Sie sich dem nicht gewachsen fühlen, sind Sie als Hundehalter ungeeignet.

Vielleicht werden Sie sich fragen, wie weit es der Autor denn nun noch treiben will. Alle Ihre Nachbarn haben Hunde und scheinen keine Probleme zu haben. Warum also sollten Sie sich über all diese Dinge den Kopf zerbrechen? Weil das Ihre Nachbarn auch getan haben! Tatsächlich werden Sie feststellen, dass Ihr Welpe nach einer gewissen Eingewöhnungszeit auf ganz natürliche Weise seinen Platz in Ihrer Familie findet. Mit etwas Zeit und Geduld ist die Aufzucht eines neugierigen und vor Lebensfreude sprühenden Malteser-Welpen zu einem wohlerzogenen und angepassten erwachsenen Hund nicht allzu schwer.

Vorbereitungen für den Einzug des Welpen

Das neue Zuhause und die neue Familie müssen sorgfältig auf das neue Familienmitglied vorbereitet werden. Genauso wie Sie ein Kinderzimmer für den Einzug eines Babys vorbereiten würden, müssen Sie auch für Ihren Welpen einen Platz auswählen, der ihm allein gehört und wo er sich wirklich wohl und sicher fühlen kann. Wie diese Vorbereitungen aussehen müssen, hängt ganz davon ab, wieviel Freiraum Sie dem Welpen einräumen möchten. Wird er ein Zimmer oder einen festgelegten Bereich der Wohnung zur Verfügung haben, oder soll er sich frei in der gesamten Wohnung bewegen können? Wird er sich auch im Garten aufhalten?

Sie sollten sich stets darüber im Klaren sein, dass Sie Ihr Zuhause von nun an mit Ihrem Welpen teilen – „Mein Heim ist auch dein Heim". Im Normalfall werden Sie Ihrem Welpen nicht gestatten, Ihre gesamte Wohnung zu übernehmen, jedoch ist es für seine Entwicklung zu

Sind Sie ein geeigneter Hundehalter?

Wenn der Züchter Ihnen eine Menge persönliche Fragen stellt, so geschieht dies aus der Besorgnis heraus, mit Ihnen auch die richtige Wahl für seinen Welpen getroffen zu haben.

einem ausgeglichenen und anpassungsfähigen Hund wichtig, dass er sich in seiner Umgebung wohl und sicher fühlt. Denken Sie stets daran, dass er die einzige Familie, die er kannte, verlassen musste. Es ist deshalb ausgesprochen wichtig, dass Sie ihm diesen Wechsel in seine neue Familie und fremde Welt so angenehm wie möglich machen. Durch die sorgfältige und wohlüberlegte Vorbereitung eines speziell für den Welpen bestimmten Plätzchens geben Sie ihm das sichere Gefühl, in dieser fremden Umgebung herzlich willkommen zu sein. Es sollte nicht lange dauern, bis er sich an seine Umgebung gewöhnt hat. Solch eine plötzliche Umsiedlung ist in jedem Fall für einen Welpen ein traumatisches Erlebnis. Versuchen Sie sich vorzustellen, wie sich ein Kleinkind in einer solchen Situation fühlen muss – Ihr Welpe empfindet ebenso. Es ist Ihre Aufgabe, ihn davon zu überzeugen, dass er sich in seinem neuen Zuhause stets sicher und wohl fühlen kann.

Die erste Autofahrt

Die Autofahrt vom Züchter zu Ihnen kann für den Welpen und für Sie eine unangenehme Erfahrung werden. Der Welpe wird aus seiner warmen, gewohnten und sicheren Umgebung in eine fremde und neue Welt gebracht – eine Welt, die sich bewegt! Machen Sie sich deshalb auf eventuell auftretenden Durchfall, Urinieren, Weinen, Winseln und sogar Angstbeißen gefasst. Zu Hause angekommen können Sie ihm mit viel Liebe helfen, den Stress seiner ersten Autofahrt schnell zu vergessen.

Ihr Zeitplan

Die Haltung eines Welpen kann beträchtliche Probleme mit sich bringen, wenn Sie ein unstetes Leben mit unregelmäßigem Tagesablauf führen. Vergessen Sie nicht: Ein Welpe muss regelmäßig gefüttert werden; er braucht Ihre Zuneigung und muss sozialisiert werden. Vor allem muss er regelmäßig nach draußen, um sein Geschäft zu verrichten. Erst wenn der Hund älter ist, verkraftet er Abweichungen von der täglichen Routine. Auch jetzt darf er nicht länger als vier Stunden täglich allein sein.

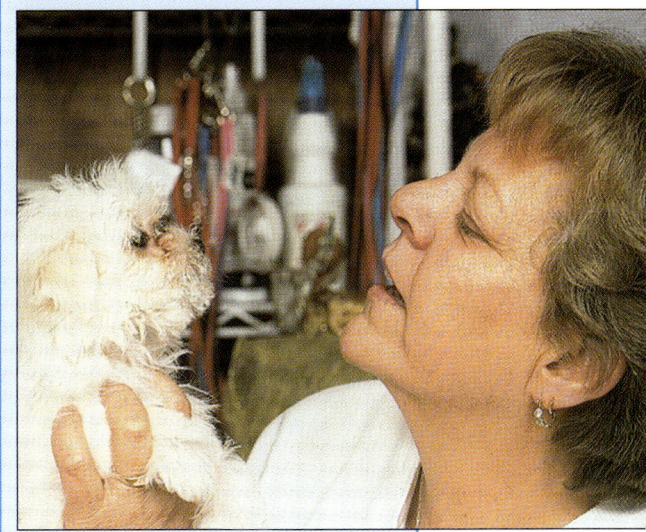

Was muss angeschafft werden?

Die Hundebox

Für jemanden, der mit dem Gebrauch von Hundeboxen bei der Ausbildung nicht vertraut ist, mag die Vorstellung von einem eingesperrten Welpen unangenehme

Qualitätsfutter

Hunde müssen ausgewogen ernährt werden. Der richtige Anteil an Proteinen ist sehr wichtig. Nur so werden sich Knochen und Muskeln korrekt entwickeln. Die meisten Hunde sind nicht wählerisch, doch eine falsche Ernährung führt schnell zu Gesundheitsproblemen.

Gefühle und den Gedanken an eine Form von Tierquälerei erwecken – dem ist jedoch ganz und gar nicht so. Hundeboxen oder -käfige sind keine Gefängnisse, sondern erfüllen bei der Erziehung und Ausbildung eines Hundes eine Reihe von Aufgaben. Zum Beispiel ist das Boxentraining ein sehr beliebtes und erfolgreiches Verfahren, um einen Welpen zur Stubenreinheit zu erziehen. Eine Box stellt eine Sicherheitseinrichtung dar, wenn der Welpe allein in der Wohnung ist, und nicht zuletzt bietet sie dem Hund einen Platz, den er sein Eigen nennen kann, den er mit niemandem teilen muss und wo er sich wohl und sicher fühlen kann. Ein Käfig eignet sich bestens als Schlafplatz, in dem sich Ihr Malteser-Welpe zusammenrollen und einkuscheln kann, wenn er müde ist oder sich etwas ausruhen will. Viele Hunde verbringen die gesamte Nacht darin. Wenn dieser mit weichen Decken ausgelegt ist und sich darin auch noch die bevorzugten Spielsachen Ihres Welpen befinden, wird dies bald sein Lieblingsplatz.

Wie seine wildlebenden Vorfahren sucht auch Ihr Welpe den Komfort und die Rückzugsmöglichkeit eines Baues – Sie bieten ihm lediglich eine etwas luxuriösere Ausführung, die anstatt mit Blättern und Zweigen, mit weichen Decken ausgelegt ist und anstelle einer schmutzigen Senke oder Höhle, aus einer bequemen und sauberen Hundebox besteht. Für welche Art Sie sich entscheiden, bleibt völlig Ihnen überlassen. Es gibt zwei Standardausführungen: aus Draht oder Fiberglas. Jede besitzt ihre Vor- und Nachteile. Der Hundekäfig aus Draht ist offener und erlaubt so einen effektiveren

Luftaustausch und einen besseren Rundumblick. Die Fiberglasausführung ist stabiler und kann auch als Transportbox für Reisen dienen, denn sie bietet dem Hund mehr Schutz. Auch die Größe ist wichtig. Eine kleine Box ist für einen Welpen, nicht aber für einen erwachsenen Hund ausreichend. Die Box mussso groß gewählt werden, dass Ihr Hund bequem darin sitzen, stehen, sich hinlegen und drehen kann.

Decken
Eine oder zwei Decken in der Hundebox machen dem Welpen seinen zugewiesenen Platz behaglicher. Die Decken ersetzen die natürliche Bodenlage aus Blättern, Zweigen und anderen Dingen, die zur Auspolsterung seines Baues dienen. So kann sich der Welpe in der Decke seine eigene Schlafkuhle „graben". Der Welpe hat sich, bis er von seiner Mutter und seinen Geschwistern getrennt wurde, zwischen ihnen einkuscheln können und sich so warm und geborgen gefühlt. Auch wenn eine Decke nicht mit dem warmen und atmenden Körper verglichen werden kann, bietet sie dennoch ebenfalls Wärme und eine Möglichkeit zum Kuscheln. Sie müssen die Decken regelmäßig waschen, denn besonders am Anfang wird es noch zu dem einen oder anderen „Unfall"

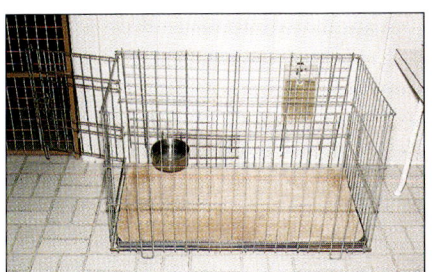

kommen. Achten Sie auf die Qualität und das Material der Decke. Eine Ersatzdecke ist stets von Vorteil, denn die Lebenserwartung einer Decke ist bei Welpen begrenzt.

Es gibt hochwertige Boxen in verschiedenen Größen und Ausfertigungen. Lassen Sie sich beraten!

Spielzeug
Spielzeug ist für Hunde aller Altersgruppen ein Muss, besonders für neugierige und verspielte Welpen. Welpen

Dieser Züchter verwendet Drahtkäfige auf Rollen, damit seine Welpen immer am Geschehen teilhaben können, aber dennoch sicher sind.

sind die Kinder der Hundewelt – und welches Kind liebt kein Spielzeug? Kauspielzeuge haben für Hund und Halter Vorteile – während sich der Welpe am Herumkauen auf seinem Spielzeug erfreut, genießt der Halter die Tatsache, dass sich sein Hund nicht an Möbeln, Teppichen und teuren Lederschuhen vergreift. Welpen lieben es, auf Dingen herumzukauen. Tatsächlich ist das Kauen während des Zahnens eine Notwendigkeit. Alles, was sich in Ihrem Haushalt befindet – von antiken Möbeln bis zu Orientteppichen –, verkörpert in den Augen Ihres zahnenden Welpen geeignetes Spielzeug. Wenn es darum geht, ihre Zähne im wahrsten Sinne des Wortes in etwas eingraben zu können, sind Welpen alles andere als wählerisch! Malteser-Welpen kauen sehr stark, und man sollte ihnen lediglich die härtesten und stabilsten Spielzeuge anbieten. Es ist ratsam, ausgestopfte Stofftiere in Sicherheit zu bringen, da diese in

kürzester Zeit ihre Füllung verlieren würden. Ihr Welpe könnte auch die weder verdauliche noch nahrhafte Füllung fressen.

Quietschende Gummispielzeuge erfreuen sich bei Welpen größter Beliebtheit, sind jedoch für einen Malteser ungeeignet. Das Spielzeug kann zu einer Gefahr für Ihren Welpen werden, wenn er es zerbeißt und den tongebenden Plastikquäker verschluckt. Sie sollten stets den Zustand der Spielsachen Ihres Welpen im Auge behalten und solche, die bis zu dem Punkt zernagt sind, an dem sie eine Gefahr darstellen oder unhygienisch sind, gegen neue austauschen.

Geben Sie Ihrem Hund keine echten Knochen, denn zersplittern leicht in scharfe

Ein Tipp zur Stubenreinheit

Es ist sinnvoll, die Box Ihres Welpen, falls sie etwas größer ist, in der ersten Zeit zu unterteilen. Wenn die Box zu geräumig ist, wird es ihm nichts ausmachen, dort auch sein Geschäft zu verrichten. Ihre Bemühungen, ihn stubenrein zu bekommen, wären leider vergeblich. Hunde halten ihren Schlafplatz instinktiv sauber. Wenn der Welpe sich aufgrund des reichlichen Platzangebotes weit genug von seinem „Bett" entfernen kann, um sich zu lösen, wird er dies auch in der Box tun. Mit dem Wachstum des Hundes lässt sich der abgeteilte Platz dann je nach Bedarf entsprechend vergrößern. Mit etwas Geduld und Verständnis werden Sie es schaffen, dass sich Ihr Welpe nach kurzer Zeit in seiner neuen Behausung wohlfühlt.

und spitze Teile. Selbst bei essbaren Kauspielzeugen aus getrocknetem Rinderleder ist Vorsicht angesagt. Auch wenn sie speziell für Hunde gedacht sind und der Sauberhaltung der Zähne dienen, kann der Welpe durch ausgiebiges Kauen Teile davon abnagen, die zum Hinunterschlucken zu groß sind und ihm im Hals stecken bleiben. Ihr Welpe sollte ein solches Kauspielzeug auch nur auf einer dafür gedachten Decke bekommen, denn die durch das Kauen entstehende klebrige und breiige Masse lässt sich nur schwer aus einem Teppich entfernen. Eine vorzügliche Alternative sind getrocknete Rinderhufe.

Leinen

Eine Nylonleine ist die beste Wahl, denn sie ist den Zähnen des Welpen gegenüber am widerstandsfähigsten und reißfest. Natürlich gehört das Kauen an der Leine zu einer der unerwünschten

So viel Spielzeug!

Es gibt eine Vielzahl von Hundespielsachen, die eine Menge Spaß versprechen. Aber nicht alles, was für Hunde geeignet erscheint, ist auch wirklich für Hunde zu empfehlen. Es ist beeindruckend, was Welpenzähne in kürzester Zeit mit einem harmlos aussehenden Spielzeug anrichten können. Denken Sie deshalb bei der Auswahl immer zuerst an die Sicherheit Ihres Hundes. Wählen Sie das haltbarste Produkt, das Sie finden können. Mit Nylonknochen und -spielsachen sind Sie auf der sicheren Seite. Es werden viele in den unterschiedlichsten Größen und Formen angeboten. Sie erhalten verschiedene Geschmacksrichtungen, deren Aromastoffe das Spielzeug für Ihren Hund unwiderstehlich machen sollen.

Der Zoofachhandel bietet Ihnen eine große Auswahl an Leinen. Nehmen Sie eine, die Ihren Ansprüchen genügt.

Wählen Sie ein geeignetes Halsband

Das **Schnallenhalsband** wird täglich als Standardhalsband verwendet. Achten Sie darauf, dass Sie die Lochbreite für den Welpen korrekt einstellen. Das Halsband sollte nicht zu stramm eingestellt sein. Überprüfen Sie dieses jeden Tag, weil der Welpe ja noch wächst. Diese Halsbänder werden aus Leder oder Nylon hergestellt. Befestigen Sie ein Identifikationsschild Ihres Hundes daran.

Das **Zughalsband** wird üblicherweise als Trainingshalsband verwendet. Es ist aus hoch poliertem Stahl gefertigt, so dass es leicht durch die rostfreie Stahlschleife gleitet. Die Idee ist, dass der Hund den Druck um seinen Hals herum spürt und schnell aufhört zu ziehen, wenn das Halsband unbequem wird. Für einen kleinen Hund wie den Malteser ist dies allerdings ungeeignet.

Das **Geschirr** ist für einen geübten Hund. Es soll den Hund am Davonlaufen hindern oder daran, eine Katze zu jagen. Man betrachtet es als die humanste Methode und braucht es häufig für kleinere Hunde, für die andere Halsbänder nicht komfortabel sind.

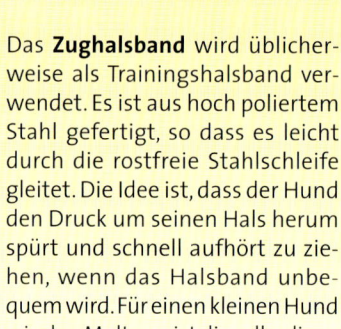

Angewohnheiten, die daher gleich im Keim erstickt werden sollten, doch andererseits steht das Herumnagen an allen möglichen Gegenständen mit dem Zahnen in Verbindung und lässt sich nicht von einem Tag auf den anderen aberziehen. Bei einer Nylonleine haben Sie die Sicherheit, dass sich Ihr Welpe nicht an Zähnen und Zahnfleisch verletzen und sie, zumindest im Normalfall, auch nicht durchbeißen kann. Ein weiterer Vorteil dieser Leinen liegt in ihrem geringen Gewicht, was Ihrem Malteser die Gewöhnung an das Laufen an der Leine erleichtert. In jedem Fall ist die Nylonleine für die täglichen Aktivitäten wie Gassigehen die beste Lösung.

Sobald Ihr Welpe sich an das Laufen an der Leine gewöhnt hat, können Sie die Nylonleine gegen eine flexible Laufleine austauschen. Bei solchen Leinen können Sie die Leinenlänge verändern, um Ihrem Hund einen erweiterten Laufraum zu bieten oder um ihn dicht bei sich zu haben. Für Trainingszwecke gibt es auch spezielle Leinen und Ledergeschirre, die jedoch für die täglichen Spaziergänge mit Ihrem Malteser nicht sinnvoll sind.

Halsbänder

Ihr Welpe sollte von Anfang an das Tragen eines Halsbands gewöhnt werden, an dem auch seine Erkennungsmarke befestigt ist. Leine und Halsband bilden eine Einheit. In Verbindung mit der Nylonleine ist ein leichtes Nylonhalsband ideal. Bei der Wahl des Halsbandes ist darauf zu achten, dass es einerseits eng genug ist, um nicht von dem Welpen abgestreift werden zu können, andererseits aber lose genug ist, so dass es dem Tier nicht ein

Der finanzielle Aspekt
Für Bürsten, Halsbänder, Leinen, Decken und natürlich Spielsachen werden Sie ständig Geld ausgeben müssen. Wenn Ihr Welpe einmal persönliche Dinge beschädigt oder zerstört – und mit den meisten Welpen passiert das schon einmal – oder er sich an anderer Leute Sachen vergreift, erhöhen sich Ihre Ausgaben beträchtlich. Jährlich fallen noch Kosten für Impfungen sowie Wurmkuren und ähnlich wichtige Maßnahmen an. Sie müssen sich in jedem Fall auch der finanziellen Verantwortung eines Hundehalters bewusst sein.

Gefühl von Eingeschnürtheit und Unbehagen vermittelt. Sie sollten problemlos einen bis zwei Finger zwischen Hals und Halsband schieben können. Nach einigen Tagen wird das Tragen eines Halsbandes zu einer Selbstverständlichkeit für Ihren Welpen. Die bekannten Würgehalsbänder sind für Trainingszwecke gedacht und sollten nur von einem Halter verwendet werden, der genau weiß, wie sie zu benutzen sind.

Fress- und Wassernäpfe
Ihr Welpe braucht zwei Näpfe – einen für Futter und einen für Wasser. Wenn Sie Besitzer eines Gartens sind, ist die Anschaffung von zwei Sets zu empfehlen – eines für drinnen und eines für draußen. Edelstahl- oder auch stabile Plastiknäpfe sind die beste Wahl. Obwohl die Plastiknäpfe auf den ersten Blick geeignete „Kauspielzeuge" darstellen, werden sie gewöhnlich nicht als solche

Der Zoofachhandel bietet eine große Auswahl an Wasser- und Fressnäpfen an.

entfremdet. Edelstahlnäpfe bieten keinerlei Angriffsfläche fürs Kauen und können gründlicher gereinigt werden. Meiden Sie Produkte, bei denen Wasser- und Fressnapfteil in einer Schale untergebracht sind. Es ist fast unvermeidbar, dass Sie die gesamte Schale nach jeder Fütterung komplett reinigen müssen.

Reinigungsmittel

Solange Ihr Welpe nicht stubenrein ist, werden Sie um Reinigungsarbeiten in der Wohnung nicht herumkommen. Es wird anfangs immer wieder zu „Unfällen" kommen. Das ist völlig normal, denn der Welpe hat noch keine Kontrolle über Darm- und Blasenmuskulatur. Es ist ratsam, während dieser Zeit eine kleine Schaufel, alte Handtücher, Zeitungspapier und ungefährliche Reinigungs- und Desinfektionsmittel im Haus zu haben.

Über die Grundausstattung hinaus

Die bisher angesprochenen Gegenstände bilden die Grundausstattung. Was außerdem benötigt wird, werden Sie schnell herausfinden – Fellpflegemittel, Floh- und Zeckenschutzmittel, Laufgitter zum Abteilen von Räumen und so weiter. Vielleicht brauchen Sie all diese Dinge auch gar nicht. Am wichtigsten ist es, dass Sie beim Einzug ihres Welpen alles Notwendige zur Verfügung haben, was für die Ernährung und ein kuscheliges, sicheres Plätzchen nötig ist, damit sich Ihr Welpe schnell in seinem neuen Zuhause einlebt.

Welpensicherheit

Sie müssen dafür sorgen, dass Ihr Malteser-Welpe in Ihrem Heim vor Gefahren sicher ist. Das heißt, dass Vorsorgemaßnahmen getroffen werden müssen. Ihr Welpe darf nicht in Bereiche Ihrer Wohnung kommen, in denen er nichts zu suchen hat. Es darf sich nichts in seiner Reich- oder Riechweite befinden, was seiner Gesundheit schaden könnte. Derartige Sicherheitsvorkehrungen sollten selbstverständlich sein, denn neben der Sorge um die Gesundheit Ihres Welpen werden Sie auch darauf bedacht sein, dass Ihre persönlichen Dinge nicht durch den Erkundungsdrang Ihres Welpen beschädigt werden. Dafür kann Ihr Welpe nichts, denn er folgt nur seinem Instinkt!

Wenn sich Ihr Welpe frei in Ihrem Heim bewegen kann, sollten Sie zerbrechliche

Es fällt in Ihren Verantwortungsbereich, die Hinterlassenschaften Ihres Hundes zu beseitigen. Dies gilt überall in Siedlungsgebieten und in öffentlichen Anlagen. Nehmen Sie also etwas zum Aufsammeln mit!

Gegenstände aus seiner Reichweite entfernen. Falls sein Bewegungsfreiraum auf ein bestimmtes Zimmer oder einen festgelegten Teil der Wohnfläche beschränkt ist, müssen alle potentiell gefährlichen Gegenstände aus diesem Bereich entfernt werden. Ein Elektrokabel stellt eine Gefahr dar, denn wer kann einen Welpen davon überzeugen, dass es sich hierbei nicht um ein Kauspielzeug handelt? Elektrokabel sollten entweder mit Kabelschellen an der Wand befestigt, unter dem Teppich verlegt oder durch stabile Kabelkanäle geschützt sein. Wenn Ihr Welpe seine Zeit in seiner Box oder in einem Laufstall verbringt, ist sicherzustellen, dass sich keine gefährlichen

Welpensicherheit

Bevor Sie Ihren Welpen nach Hause holen, sollten Sie Ihr Heim bereits „welpensicher" gemacht haben. Verwenden Sie niemals Rattengift, Insektenschutz- oder chemische Reinigungsmittel im Lebensbereich Ihres Hundes. Das gilt auch für Toilettenreiniger, denn jeder Welpe wird gerne einen „Schluck nehmen", wenn der Toilettendeckel offensteht.

am besten unter einem Zaun hindurchgräbt oder sich erfolgreich durch das kleinste Loch hindurchquetscht. Für manche Hunde ist selbst das Überspringen oder Überklettern von relativ hohen Zäunen kein Problem. Die sicherste Methode ist deshalb, einen so hohen Zaun zu wählen, den Ihr Hund mit Sicherheit weder überklettern noch überspringen kann und der auch ausreichend tief in das Erdreich eingelassen ist. Sämtliche Schwachstellen im Zaun müssen umgehend repariert werden. Es ist ratsam, den Zaun in regelmäßigen Abständen auf Beschädigungen zu kontrollieren. Ein sehr konsequenter Welpe kann immer wieder an eine bestimmte, erfolgversprechende Stelle zurückkehren und daran arbeiten, bis er sich letztendlich einen Weg in die große, weite Welt geschaffen hat.

Der erste Besuch beim Tierarzt
Vielleicht kann Ihnen der Züchter einen guten Tierarzt empfehlen, oder Sie haben Kontakt zu anderen Hundehaltern, die

Gegenstände in unmittelbarer Nähe befinden, denen er mit den Pfoten oder der Schnauze habhaft werden kann. Mit einem Welpen im Haus sollten Sie sich an dieselben Regeln halten, die auch für Kleinkinder gelten. Haushaltsreiniger und Chemikalien sind generell dort aufzubewahren, wo sie für den Welpen unerreichbar sind.
Genauso wichtig wie die Sicherheit innerhalb der Wohnung ist die Sicherheit im Freien. Ihr Welpe sollte niemals unbeaufsichtigt sein. Ein eingezäunter Garten bietet manchmal eine nur trügerische Sicherheit. Sie werden staunen, wieviel Kraft und Ausdauer ein Hund aufbringen kann, um herauszufinden, wie man sich

mit der Adresse eines zuverlässigen Veterinärmediziners dienen können. In jedem Fall sollten Sie einen Termin mit dem Arzt vereinbaren und Ihren Welpen innerhalb der ersten Woche nach der Übernahme zu einer ausgiebigen Grunduntersuchung vorstellen. Das Ergebnis sollten Sie Ihrem Züchter mitteilen.

Die Grunduntersuchung besteht aus der Überprüfung des allgemeinen Gesundheitszustandes, um sicherzustellen, dass keine Probleme vorliegen, die sich nicht sofort erkennen ließen. Ihr Tierarzt wird nach den Angaben des Züchters einen Impfplan aufstellen, der Auskunft darüber gibt, wann welche Impfungen oder Nachimpfungen fällig werden.

Einführung in die Familie

Jedes Familienmitglied wird dem Einzug Ihres Welpen mit Freude und Aufregung entgegensehen. Es ist jedoch besser, die Begrüßungszeremonie nicht zu übertreiben, denn ein Zuviel an Aufmerksamkeit, zuviele Menschen und Hände, wirken auf einen so kleinen Hund schnell beängstigend.

Er ist ohnehin bereits stark verunsichert, denn er wurde von seiner Mutter, seinen Geschwistern und dem ihm bis dahin einzigen vertrauten Menschen (dem Züchter) getrennt. Der Transport in sein neues Zuhause ist höchstwahrscheinlich auch seine erste Bekanntschaft mit einem Auto gewesen. Sie sollten ihn deshalb keinesfalls mit Aufmerksamkeiten und Liebkosungen „ersticken". Damit soll nicht gesagt sein, dass der Kontakt mit Menschen in diesem Stadium nicht wichtig wäre, denn genau in dieser Zeit entwickelt sich eine spontane Beziehung

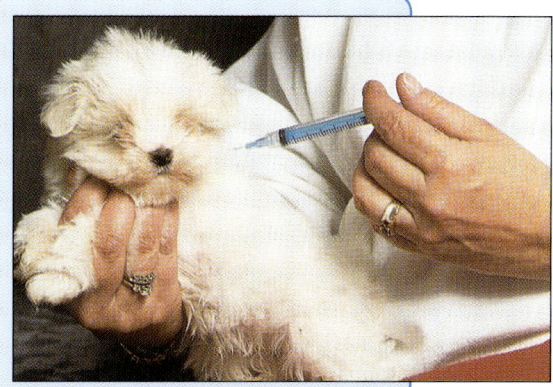

Wie Impfstoffe wirken

Wenn Sie Ihren Welpen gerade erst bekommen haben, wissen Sie sicher, wie wichtig Impfungen für ihn sind. Aktive Impfstoffe enthalten genau die Erreger, gegen die der Körper Abwehrstoffe bildet und somit immunisiert werden soll. Damit die Erreger nicht gefährlich sind, wurden sie entweder abgetötet oder chemisch behandelt. Infiziert sich Ihr Hund nun, kann das Immunsystem sofort die geeignete Verteidigung einleiten!
Passive Impfstoffe enthalten bereits die notwendigen Antikörper und werden zur Behandlung einer bestehenden Infektion verwendet.

zwischen dem Welpen und seiner neuen Familie. Sanftes Streicheln und liebkosende, beruhigende Worte sind ihm eine genauso große Hilfe wie die Möglichkeit, die neue Umgebung unter den wachsamen Augen seines Halters selbstständig erforschen zu können.
Ein Welpe kann seine erste Aufmerksamkeit der neuen Familien schenken oder sich für einige Zeit der Erkundung

Denken Sie stets daran, dass der Welpe zum ersten Mal in seinem Leben binnen sehr kurzer Zeit mit vielen Neuheiten konfrontiert wird. Da sind fremde Menschen, fremde Geräusche, neue Gerüche und viele Dinge, die untersucht werden müssen. Seien Sie so sanft, liebevoll und so ermutigend wie möglich und respektieren sein Ruhebedürfnis.

Die erste Nacht im neuen Heim

Den Weg in sein neues Heim hat der Welpe sicher in seinem Körbchen oder seiner Box überstanden. Er hat auch schon den ersten Tierarztbesuch hinter sich, wurde gewogen, seine Papiere wurden überprüft, und vielleicht wurde er auch schon geimpft und entwurmt. Er hat seine neue Familie kennengelernt und alle Mitglieder liebevoll abgeleckt. Er hat seine neue Umgebung erkundet, sein Bett ausprobiert, den Garten und die Wohnung ausgiebig abgeschnüffelt. Er hat sein erstes Futter im neuen Heim erhalten und ist an einem dafür vorgesehenen Platz Gassi gegangen. Er hat viele neue Geräusche gehört, den Geruch neuer Freunde aufgenommen und mehr von der fremden Welt dort draußen gesehen als jemals zuvor. Und das war erst der erste Tag! Er ist völlig erschöpft und reif fürs Bett – zumindest haben Sie diesen Eindruck.

Es ist seine erste Nacht, und Sie wünschen

seiner neuen Umgebung widmen. Nach und nach sollte jeder etwas Zeit mit dem Welpen verbringen. Am besten begeben Sie sich dazu auf den Boden – also auf etwa die Ebene des Welpen –, lassen ihn an den Händen riechen und streicheln ihn sanft.

ihm „Schöne Träume" – vergessen Sie jedoch nicht, dass dies auch die erste Nacht für ihn ist, die er allein verbringen muss. Seine Mutter und Geschwister sind nicht mehr nur eine Pfotenlänge von ihm entfernt, ihm ist kalt, er fühlt sich allein und hat auch etwas Angst.

Seien Sie Ihrem neuen Familienmitglied daher eine Ermutigung, aber denken Sie auch daran, dass dies nicht die Zeit zum Verwöhnen ist – geben Sie seinem unvermeidlichen Winseln nicht ständig nach.

Das Winseln eines Welpen dient der Kommunikation mit dem Rudel. Er will die anderen wissen lassen, wo er ist und hofft, dass sie zu ihm kommen. Legen Sie Ihren Welpen in dem dafür vorgesehenen Zimmer in sein Bett oder in seine Box und schließen Sie die Tür. Nach einiger Zeit wird er einschlafen. Wenn das Unvermeidliche eintrifft, ignorieren Sie das Winseln – es geht Ihrem Welpen gut. Seien Sie konsequent und denken daran, was das Beste für Ihren Welpen ist.

Viele Züchter empfehlen, etwas von dem alten Schlafplatz des Welpen in sein neues Bett zu legen, so dass er den Geruch seines Rudels erkennt. Andere wieder raten dazu, dem Welpen eine Wärmflasche ins Bett zu legen, die ihn warmhält. Dies ist keine schlechte Idee, vorausgesetzt, der Welpe nuckelt nicht an der Wärmflasche herum, löst so den Verschluss oder zerbeisst die Wärmflasche sogar, denn ein nasser Welpe schläft nicht so schnell ein.

Die erste Nacht im neuen Heim kann sowohl für den Welpen als auch für Sie mit einigem Stress verbunden sein. Denken Sie daran, dass Sie in Ihrem Haus den Ton angeben und bestimmen, wann Schlafenszeit ist. Wenn Sie also nicht jeden Tag bis 22 Uhr, um Mitternacht und morgens um zwei Uhr mit Ihrem Welpen spielen wollen, dann sollten Sie eine solche Entwicklung von vornherein unterbinden.

Welpenprobleme

Die meisten der bei Welpen auftretenden Probleme verschwinden von selbst, sobald Ihr Hund älter wird. Dennoch bestimmt die Art und Weise, wie Sie mit diesen Problemen umgehen, wie Ihr Hund später auf disziplinarische Maßnahmen reagiert. Es ist wichtig, von Anfang an klar zu machen, wer der Herr im Haus ist – hoffentlich Sie! Die Beziehung, die sich in den ersten Monaten zwischen Ihnen und Ihrem Hund bildet, ist für den Rest Ihres gemeinsamen Lebens ausschlaggebend.

Wichtige Dokumente

Zwei wichtige Dokumente, die Sie beim Kauf vom Züchter bekommen, sind die Ahnentafel des Hundes und sein Impfpass. Aus dem Impfpass geht hervor, ob und wann die vom VDH vorgeschriebenen Grundimmunisierungen gegen die wichtigsten Infektionskrankheiten erfolgt sind. Der Züchter wird Ihnen auch sagen, wann Sie den Hund zur Nachimpfung beim Tierarzt vorstellen müssen.

Die Ahnentafel ist der Nachweis seiner Abstammung und belegt, dass er unter einer bestimmten Nummer in das Zuchtbuch des nationalen VDH-Rasse-Zuchtvereins eingetragen ist. Sie gibt außerdem Auskunft über Ausstellungs- und gegebenenfalls Prüfungserfolge seiner Vorfahren und unter Umständen über Untersuchungen auf mögliche Erbkrankheiten. Achten Sie sorgfältig darauf, dass es sich um einen in einem VDH beziehungsweise FCI-anerkannten Verein gezüchteten Welpen handelt. Das muss auf der Ahnentafel stehen. Auch die Identifikationsnummer muss auf der Ahnentafel vermerkt sein.

Zusätzlich ist der Abschluss eines schriftlichen Kaufvertrags ratsam.

Das Verhindern von typischen Problemen mit Welpen

Sozialisation

Nachdem alle Vorbereitungen abgeschlossen sind und sich Ihr Welpe in seinem neuen Heim eingewöhnt und mit der Familie Freundschaft geschlossen hat, ist es Zeit, dass der versprochene Spaß beginnt. Die Sozialisation Ihres Malteser-Welpen verschafft Ihnen die Möglichkeit, Ihren neuen Freund vorzuzeigen.

Eine gute Sozialisation umfasst nicht nur den Kontakt mit den Familienmitgliedern, sondern auch mit anderen Menschen, Tieren und Situationen. Aus guten Gründen sollte er jedoch nicht in engen Kontakt mit Ihnen nicht näher bekannten Hunden kommen, solange seine Grundimpfungen noch nicht abgeschlossen sind. Dies hilft ihm dabei, zu einem anpassungsfähigen Hund heranzuwachsen, und verhindert, dass er neuen Dingen und Situationen gegenüber ängstlich reagiert. Die Sozialisation eines Welpen beginnt bereits beim Züchter und geht dann in die Verantwortung des neuen Besitzers über. Die kritischste Phase der Sozialisation fällt in das Alter von 16 bis 20 Wochen, denn innerhalb dieser Zeit formen sich die Eindrücke, die der Welpe von seiner Umwelt hat. Jeglicher Kontakt mit anderen Menschen oder Tieren sollte in dieser Zeit bewusst zärtlich und ermunternd sein. Eine mangelhafte Sozialisation während dieser Zeit kann sich später in Form von Angst oder Aggressivität manifestieren.

Ihr Welpe sollte häufig mit anderen Menschen und Tieren zusammenkommen, oft angefasst und liebevoll umsorgt werden.

Der Malteser
ist ein liebe-
voller Fami-
lienhund,
der gerne
gestreichelt
und umsorgt
wird.

Erziehung erwünscht!

Während des Sozialisationsprozesses sollte ein Welpe andere Menschen, eine neue Umgebung und andere Hunde kennenlernen. Durch das Spielen mit seinen Wurfgeschwistern und anderen Hunden lernt er, seine Kräfte zu kontrollieren und auch, wie er sich in seinem Rudel zu verhalten hat. Das hilft ihm auch für den Rest seines Lebens dabei, sich in seiner neuen Familie in seine Rangstellung zu fügen. Deshalb sollten die Welpen nicht vor der vollendeten achten Woche von ihrem Rudel getrennt werden, denn bis dahin dauert die Phase, in der die kleinen Hunde diese wichtigen Verhaltensweisen erlernen.

Nachdem Ihr Welpe alle notwendigen Impfungen erhalten hat, können Sie ihn gefahrlos ausführen – natürlich stets an der Leine. Machen Sie ihn mit Ihrer Nachbarschaft bekannt, nehmen Sie ihn auf Ihren täglichen Besorgungsgängen mit, erlauben Sie anderen Personen ihn anzufassen, lassen Sie ihn an anderen Hunden und Tieren schnüffeln. Welpen müssen sich nicht um neue Freundschaften bemühen, denn sie treffen gewöhnlich ständig auf tierliebe Menschen, die ihnen ihre Aufmerksamkeit schenken. Allerdings sollten Sie jeden neuen Kontakt aufmerksam überwachen. Wenn beispielsweise die Kinder Ihrer Nachbarn den Neuankömmling begrüßen wollen, so ist nichts dagegen einzuwenden. Kinder und Welpen sind meistens die besten Freunde. Es kann jedoch dazu kommen, dass ein aufgeregtes Kind unbeabsichtigt zu grob mit den Welpen umgeht oder ein übermütiger Welpe in seiner Verspieltheit nach der Hand des Kindes schnappt. Die Erfahrungen während der Sozialisation sollten in jedem Fall positiv sein, denn alles, was der Welpe innerhalb dieser sehr wichtigen Entwicklungsphase lernt, prägt sein späteres Verhalten. Ein Welpe, der mit einem Kind eine schlechte Erfahrung gemacht hat, kann später Kindern gegenüber ein scheues oder auch aggressives Verhalten zeigen.

Konsequenz im Training

Hunde sind Rudeltiere und benötigen einen Rudelführer. Ist ein solcher nicht vorhanden, versuchen sie ihre eigene Dominanz im Rudel zu etablieren. Wenn Sie einen Hund in Ihre Familie aufnehmen, liegt es in Ihrer Entscheidungsgewalt, wer der „Rudelführer" wird. Die instinktive Neigung zur Dominanz Ihres Welpen in Verbindung mit der Tatsache, dass es nahezu unmöglich ist, einem unwiderstehlichen Malteser-Welpen in seine großen Augen zu sehen, ohne dabei schwach zu werden, verschaffen ihm einen fast schon unfairen Vorteil im Kampf um die Oberhand.

Geben Sie diesen bittenden Augen nicht nach, bleiben Sie standfest, wenn es um die Erziehung Ihres Welpen geht, und stellen Sie sicher, dass alle anderen Familienmitglieder ebenso handeln. Die Situation, in der Frauchen ihn von der Couch jagt, während er es gewöhnt ist, genau von dort aus mit Herrchen die Abendnachrichten zu sehen, ist lediglich verwirrend für ihn und trägt nichts zu seiner Erziehung bei. Vermeiden Sie derartige Diskrepanzen, indem Sie die Richtlinien darüber, was erlaubt und was verboten ist, vor dem Einzug des Welpen mit Ihrer Familie durchsprechen.

Häufig auftretende Probleme mit Welpen

Am besten verhindern Sie Probleme, indem Sie ein unakzeptables Verhalten gleich im Keim ersticken. Das Sprichwort „Man kann einem alten Hund keine neue Tricks beibringen", entspricht zwar nicht in jedem Fall der Wahrheit, dennoch ist es viel einfacher, einem sich entwickelnden Welpen seine Grenzen zu zeigen, als darauf zu warten, bis aus dem ungezogenen Welpen ein unerträglicher, erwachsener Hund geworden ist. Es gibt einige Probleme, die speziell bei Welpen in der Entwicklungsphase auftreten.

Sozialisation

Die Sozialisation umfasst nicht nur den Kontakt mit anderen Menschen, sondern auch die Konfrontation mit neuen Situationen wie dem Fahren im Auto, der Fellpflege, neuen Geräuschen, dem Herumlaufen in einer Menschenmenge – diese Liste ist endlos. Je mehr Erfahrungen Ihr Welpe sammelt und je positiver diese sind, desto geringer sind der Schock und die Angst bei der Konfrontation mit neuen Dingen.

Kauspielzeug

Das Hundespielzeug soll Ihren Hund nicht nur geistig und körperlich fordern, sondern hilft auch bei der Zahnpflege. Hartgummispielzeug ist teilweise mit speziellen Rillen versehen, durch die der Plaque entfernt und so der Bildung von Mundgeruch und Zahnstein vorbeugt wird, der zu Zahnfleischentzündungen führen kann.

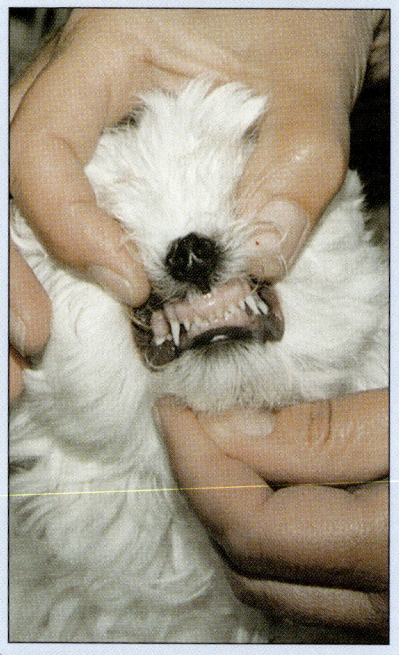

Schnappen

Wenn Welpen mit dem Zahnen beginnen, verspüren sie den Drang, ihre Zähne in nahezu alles zu graben – unglücklicherweise schließt das auch Ihre Finger, Arme, Haare, Zehen und so weiter ein – eben alles, was gerade verfügbar ist. Sie mögen dieses Verhalten während der ersten fünf Sekunden noch niedlich finden – aber auch nur, bis Sie spüren, wie spitz und scharf die Zähne eines Welpen sind. Dieses Verhalten werden Sie umgehend und konsequent mit einem strengen „Nein!" unterbinden (oder wieviele „Neins" auch nötig sein werden, bis Ihr Welpe den Ernst versteht) und Ihren Finger durch ein geeignetes Kauspielzeug ersetzen.

Während dieses Verhalten bei einem jungen Hund lediglich lästig ist, kann es bei einem erwachsenen Malteser mit seinem kräftig entwickelten Kiefer ausgesprochen gefährlich werden. Ihr Hund will Sie mit seinem freundlich gemeinten Zuschnappen bestimmt nicht verletzen, jedoch kann er seine eigene Kraft oftmals weder richtig einschätzen noch ausreichend kontrollieren, und selbst ein junger Hund kann kräftig zubeißen, wenn er es nicht besser weiß.

Weinen und Winseln

Ihr Welpe wird anfangs weinen, winseln oder irgendwelchen anderen Tumult veranstalten, wenn er alleingelassen wird. Das ist seine Art, sich Aufmerksamkeit zu verschaffen.

Alleingelassen fühlt er sich unsicher. Das kann bereits der Fall sein, wenn Sie nur eben in den Garten oder in ein anderes Zimmer gehen, und er Sie nicht mehr sehen kann. Sein Winseln ist Ausdruck der Angst, die er empfindet, wenn er sich alleingelassen fühlt. Er muss lernen, dass das Alleinsein normal ist. Zu diesem Zweck trainieren Sie den Hund nicht dahingehend, dass er das Winseln einstellt, sondern in die Richtung, dass er sich allein sicher fühlt. Die direkte Folge davon ist, dass er automatisch aufhört, seiner Unzufriedenheit lautstark Ausdruck zu geben.

Bei diesem Abschnitt der Ausbildung kommt die mit Decken und Spielzeug ausgestattete Hundebox ins Spiel. Sie wollen, dass Ihr Welpe sicher ist, wenn Sie ihn allein und ohne Aufsicht zurücklassen müssen, und Sie wissen auch, dass die Hundebox dafür ein besserer Platz ist, als ihm die gesamte Wohnung zur Verfügung zu stellen. Damit Ihr Welpe seinen Platz in der Box akzeptiert, muss er sich darin wohlfühlen. Aus diesem Grund ist es ausgesprochen wichtig, dass die Hundebox niemals zum Mittel von Bestrafungen wird, denn dann würde der Hund den Käfig mit einer negativen Erfahrung assoziieren.

Sie gewöhnen Ihren Welpen am besten an seine Box, wenn Sie ihn erst für kurze Zeit und dann für immer längere Intervalle in die Box sperren und währenddessen im selben Raum bleiben. Wenn er winselt oder bellt, ignorieren Sie dies, bleiben jedoch in seiner Sichtweite. Nach und nach wird er verstehen, dass der Aufenthalt in seiner Box nicht bedrohlich ist. Vielleicht lassen Sie das Radio auf sanfter Lautstärke eingeschaltet, wenn Sie das Haus oder die Wohnung verlassen – der Klang einer menschlichen Stimme kann eine beruhigende Wirkung haben.

Keine Schokolade bitte!

Verwenden Sie beim Training Ihres Hundes kleine Leckereien als Belohnung. Geben Sie Ihrem Hund aber niemals Schokolade, denn diese enthält für Hunde giftige Bestandteile.

Kau-Tipps

Ein zahnender Welpe ist ständig auf der Suche nach einer Möglichkeit, sein Zahnfleisch zu besänftigen. Es kann passieren, dass er an Ihren Lieblingsschuhen oder etwas anderem kaut, das nicht für ihn bestimmt ist. Berücksichtigen Sie jedoch, dass dies ein für junge Hunde völlig normales Verhalten ist, und nicht unterbunden, sondern lediglich in die gewünschte Richtung umgeleitet werden sollte. Ihr Welpe muss lernen, woran er herumnagen darf und woran nicht. Wenn er an verbotenen Dingen nagt, sagen Sie in strengem Ton „Nein!" und geben Sie ihm ein Kauspielzeug. Im Gegenzug loben Sie ihn ausgiebig, wann immer er an seinem Spielzeug herumkaut. Sie leiten lediglich seinen Kautrieb in die richtige Richtung. Nachdem der Zahnwechsel abgeschlossen ist, lässt auch der Kaudrang merklich nach, jedoch geht er auch bei erwachsenen Hunden nicht völlig verloren. Einige Hunde kauen aus Langeweile, andere um Spannungen abzubauen oder einfach nur, weil es ihnen Spaß macht. Aus diesem Grund ist es wichtig, dass der Hund bereits im frühen Alter lernt, woran er kauen darf und woran nicht.

Die tägliche Pflege Ihres Maltesers

Überlegungen zur Ernährung und Fütterung

Heutzutage haben Sie eine reichhaltige Auswahl an Futtersorten für Ihren Malteser. Es gibt Dutzende von Herstellern, die Futtersorten in allen möglichen Geschmacksrichtungen und Ausführungen vom Welpenfutter bis hin zu speziellen Futtersorten für alte Hunde anbieten. Es gibt sogar hypoallergene und fett- sowie kalorienarme Futtersorten. Da das Futter Einfluss auf das Fell, die Gesundheit und das Temperament Ihres Maltesers hat, ist es wichtig, dass die Wahl des Futters dem Alter und den Bedürfnissen Ihres Hundes entspricht. Bei der großen Sortenvielfalt stehen allerdings auch erfahrene Hundehalter schnell vor der Frage, welches nun das beste Futter für ihren Hund ist. Nur wenn Sie die Bedürfnisse Ihres Hundes verstehen, können Sie auch die beste Wahl treffen.

Hundefertigfutter wird in drei Grundformen angeboten: trocken, halbtrocken und feucht. Das Trockenfutter ist gewöhnlich der preiswerteste Weg der Ernährung, die halbtrockenen und feuchten Futtersorten sind generell teurer. Trockenfutter enthält im Vergleich meist die wenigsten Konservierungsmittel. Die meisten Feuchtfutterarten bestehen zu 60 bis 70 Prozent aus Wasser, während die halbtrockenen Sorten oftmals derart viel Zucker enthalten, dass sie bei den meisten Hundehaltern nicht sonderlich beliebt sind, obwohl sie von Hunden gerne gefressen werden – wer mag schon keine Süßigkeiten?

Bei der Auswahl des richtigen Hundefutters müssen Sie die drei Entwicklungsphasen berücksichtigen: das Welpenstadium, die mittlere Altersstufe und die Seniorenjahre.

> ## Achten Sie darauf!
> Trockenfutter muss in fest verschließbaren Behältern gelagert werden. Einmal geöffnet gehen innerhalb von neunzig Tagen die Vitamine verloren, und das Futter kann durch Schimmelpilzsporen oder Schädlinge kontaminiert werden.

Die Ernährung des Welpen

Welpen besitzen den natürlichen Instinkt, an den Zitzen ihrer Mutter zu saugen. Dieses Verhalten sollten sie bereits an ihrem ersten Lebenstag zeigen. Wenn ein Welpe nicht innerhalb weniger Stunden nach seiner Geburt zu saugen beginnt, sollten Sie ihn direkt an eine der Zitzen der Mutter anlegen. Suchen Sie sich dafür eine gut mit Milch gefüllte Zitze aus. Die erste Milch – auch Kolostralmilch genannt – ist sehr wichtig, denn sie versorgt den Welpen nicht nur mit allen notwendigen Nährstoffen, sondern auch mit wichtigen Antikörpern, die den Welpen in den ersten acht bis zehn Wochen seines Lebens vor Infektionskrankheiten schützen. Bringt auch dies keinen Erfolg, können Sie den Welpen nur noch unter der fachmännischen Anleitung Ihres Tierarztes mit der Flasche großziehen. Natürlich ist die Muttermilch (Kolostralmilch) um Vieles besser als jede käufliche Welpenmilch. Es ist wichtig, dass bei der Flaschenaufzucht nicht nur auf die richtige Qualität der milch, sondern auch auf die richtige Menge achten. Während seiner ersten Lebenstage muss eine Welpe alle zwei Stunden gefüttert werden!

Welpen sollten für mindestens sechs Wochen gesäugt und dann langsam entwöhnt werden. Zu diesem Zweck wird ab einem Alter von etwa einem Monat nach der Milchmahlzeit eine kleine Menge Welpenfutter gereicht. Die meisten Züchter bieten alternative Milchsorten und kleine Fleischmahlzeiten an, um die Entwöhnungszeit zu verkürzen.

Futtervorlieben

Die Auswahl des besten Fertigfutters ist schwierig. Die Ernährungswissenschaftler haben kein größeres Anliegen, als den Nährstoffgehalt von Futterarten abzustimmen (Proteine, Fett, Faserstoffe, Feuchtigkeitsgehalt, Cholesteringehalt, Mineralstoffe und andere). Alle sind sich darin einig, dass eine gesunde Ernährung wichtig ist, jedoch muss der Hund als Individuum betrachtet werden. Sein Gewicht, Alter, Aktivität und der persönliche Geschmack müssen gleichermaßen in die Überlegung einfließen. Das Beste ist, sich auf die Empfehlung des Züchters oder Tierarztes zu verlassen. Die Ernährungsansprüche jedes Hundes sind variabel, sogar während seiner Lebenszeit.

Wenn Ihr Hund ein gutes Futter erhält, kann auf Fleisch- oder Gemüsezusätze verzichtet werden. Manche Hunde mögen etwas Abwechslung. Sie können bei Ihrer Futtermarke bleiben, jedoch eine andere Geschmacksrichtung anbieten.

Im Alter von sieben bis acht Wochen sollte der Welpe vollständig entwöhnt sein und nur noch mit einem speziellen Futter für Welpen ernährt werden. Die Wahl eines qualitativ hochwertigen Futters ist nun besonders wichtig, denn der Welpe befindet sich in einer rasanten Wachstumsphase. Sollten Sie weitergehende Fragen zur Ernährung haben, können Ihnen Ihr Tierarzt oder Ihr Züchter sicher gute Ratschläge geben. Die Anzahl der Mahlzeiten wird im Lauf der Zeit reduziert. Haben Sie Ihren Welpen noch vier- bis fünfmal täglich gefüttert, reduzieren Sie die Anzahl auf drei

Fütterungstipp

• Das Hundefutter muss Zimmertemperatur haben. Ein Napf mit frischem Wasser, das täglich erneuert wird, ist selbstverständlich, vor allem wenn Sie Trockenfutter füttern.

• Füttern Sie Ihren Hund niemals am Tisch, während Sie essen. Füttern Sie Ihren Hund niemals mit Essensresten, die oft zu fett oder stark gewürzt sind.

• Hunde müssen ihr Futter kauen, dabei sind harte Pellets ideal, Suppen und Brei sollten Sie vermeiden.

• Fügen Sie einem kompletten Fertigfutter nicht wahllos irgendwelche Zusätze hinzu, denn damit verändern Sie die Ausgewogenheit dieser Produkte.

• Außer einer gesundheits- oder altersbedingten Umstellung braucht der Hund keine große Abwechslung in der Ernährung.

Wussten Sie schon?

Als Nachweis für eine gesunde Ernährung Ihres Hundes sind die Farbe, der Geruch und die Festigkeit seines Stuhls gut geeignet. Ein gesunder Hund produziert pro Tag bis zu drei mittelfeste Kothaufen. Der Kot sollte nicht vergoren riechen, die gleiche Festigkeit aufweisen und die gleiche Farbe haben.

Womit füttern Sie Ihren Hund?

- 1,3 % Kalzium
- 1,6 % Fettsäuren
- 4,6 % Rohfasern
- 11 % Feuchtigkeit
- 14 % Rohfett
- 22 % Rohprotein
- **45,5 % ? ? ?**

Beachten Sie die Inhaltsangaben Ihres Hundefutters. Viele Hersteller geben nur 50 bis 55 % der Inhaltsstoffe an und lassen die restlichen 45 bis 50 % ohne Angaben unter den Tisch fallen.

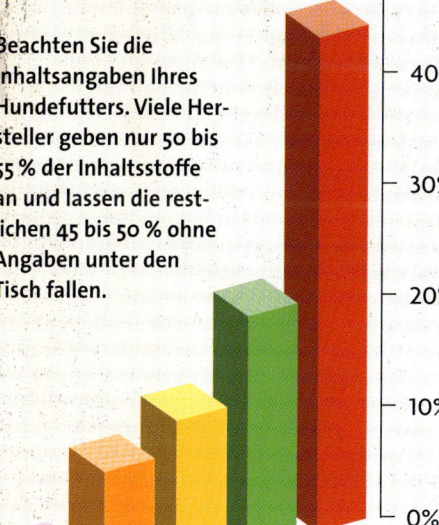

Futter auf Getreidebasis

Viele Futtersorten für erwachsene Hunde werden auf einer Getreidebasis hergestellt. Daran ist nichts auszusetzen, solange das Futter kein Sojamehl enthält, denn Sojamehl verursacht häufig Blähungen. Derartige Futtersorten sind oftmals die preiswertesten und qualitativ genauso gut wie das teuerste Futter auf Fleischbasis. Es gibt viele Umstände, in denen Ihr Hund eine spezielle Diät benötigen könnte. Sie sollten die Entscheidung über solche speziellen Ernährungsansprüche stets Ihrem Tierarzt überlassen.

Fütterungen beim sechs Monate alten Hund und zwei beim erwachsenen. Das Welpen- und Juniorfutter sollte generell ausgewogen und mit ausreichenden Mengen an Vitaminen, Mineralstoffen und Proteinen angereichert sein, damit zusätzliche Nahrungsergänzungen nicht nötig sind. Achten Sie schon beim jungen Hund auf sein Gewicht. Übergewicht kann während der Entwicklung zu Gelenkschäden führen, deren Entwicklung durch die übermäßige Belastung fehlgeleitet werden kann.

Die Ernährung des erwachsenen Hundes

Ein Hund wird als ausgewachsen bezeichnet, wenn er körperlich aufgehört hat zu wachsen. Gewöhnlich liegt dieser Zeitpunkt vor dem geistigen Erwachsensein. Bei Ihrem Malteser können Sie im Alter von zwölf Monaten das Futter auf eine Ernährung für erwachsene Hunde umstellen. Die meisten Hersteller von Hundefutter sind auf diese Futtersorten spezialisiert. Das Angebot scheint schlichtweg unüberschaubar. Sie müssen sich eigentlich nur noch für eine Sorte entscheiden, die den Ansprüchen Ihres Hundes am besten entspricht. Ein aktiver Hund stellt andere Ansprüche als ein eher ruhiger. Da diese Futtersorten als Alleinfutter konzipiert sind, die neben allen Nährstoffen auch alle Mineralien, Vitamine und sonstigen Spurenelemente enthalten, dürfen Nahrungsmittelzusätze nur nach Absprache mit Ihrem Tierarzt zugefügt werden.
Selbstverständlich achten Sie auch weiterhin auf das Gewicht Ihres Hundes, um vor allem Schäden an den Hüften und anderen Gelenken zu vermeiden.

Die Ernährung des älteren Hundes

Wenn Hunde älter werden, verändert sich neben verschiedenen Äußerlichkeiten auch ihr Stoffwechsel. Der ältere Hund ist gewöhnlich weniger aktiv,

Gewichtsprobleme

Während viele Menschen von ihrem Aussehen besessen sind und ihren Körper im besten Zustand halten, denken manche, dass ihrem Hund ein paar Pfunde zuviel gut stehen. In Wahrheit macht auch Hunde ihr Über- oder Untergewicht krank. Um den Ernährungszustand Ihres Hundes zu überprüfen, streichen Sie ihm mit der Hand über die Rippen. Können Sie diese unter der Speckschicht nicht fühlen, ist er zu dick, merken Sie jede Rippe deutlich, ist Ihr Hund zu dünn. Im Idealfall können Sie die Rippen leicht ertasten, ohne dass sie sich aber abzeichnen. Von oben betrachtet, sollte die Silouette Ihres Hundes in etwa einer Sanduhr entsprechen, die in der Mitte dünner ist und zu beiden Enden hin deutlich kräftiger wird.

So wichtig ist Wasser

Wasser macht bei Hunden und Menschen, so wie bei den meisten lebenden Organismen, den Hauptanteil beinahe jedes Körperteils aus. Wir setzen das Vorhandensein von Wasser als selbstverständlich voraus, dabei wäre ohne Wasser kein uns bekanntes Leben möglich.

Hunde benötigen Wasser, um ihren biochemischen Haushalt aufrecht zu erhalten. Wasser, das sie vor allem durch Hecheln verlieren, müssen sie wieder aufnehmen. Hunde können nicht so wie wir Menschen schwitzen, sie müssen hecheln, um ihren Körper abzukühlen. Dabei verdunstet das lebenswichtige Wasser. Menschen verlieren beim Schwitzen neben anderen Stoffen auch wichtige Elektrolyte, Hunde verlieren nur Wasser.

Eine ausreichende Versorgung mit Wasser ist immer wichtig, besonders aber an heißen und schwülen Tagen oder wenn Ihr Hund trainiert oder hart arbeitet.

bewegt sich langsamer und schläft mehr. Diese Veränderungen in seiner Lebensart und physiologischen Leistungen erfordern auch eine Ernährungsumstellung. Da sich diese Veränderungen langsam vollziehen, sind sie nicht immer leicht zu bemerken. Was Sie dagegen einfach und schnell feststellen werden, ist die Tatsache, dass Ihr Hund an Gewicht zunimmt. Wenn Sie Ihren Hund bei einem verlangsamten Stoffwechsel weiterhin mit dem gleichen Futter ernähren, nimmt er automatisch zu. Übergewicht fördert jene Gesundheitsprobleme, die mit dem Älterwerden in Verbindung stehen.

Wenn Ihr Hund älter wird, lässt auch die Funktionsfähigkeit der meisten Organe

Futterumstellungen

Sie wissen als Halter sehr gut, wie wichtig eine abwechslungsreiche, aber gleichbleibende Ernährung Ihres Hundes ist. Manchmal werden Sie aber gezwungen sein, die Ernährung Ihres Hundes beispielsweise im Urlaub schnell umzustellen. Bei manchen Hunden kann das Verdauungsstörungen verursachen. Um dies zu vermeiden, können Sie das Futter langsam umstellen, indem Sie über eine Woche jeden Tag einen größeren Teil des alten Futters gegen das neue austauschen, bis Ihr Hund nur noch das neue Futter in seinem Fressnapf hat.

So etwas wie „die optimale Ernährung" für ältere Hunde gibt es nicht. Während vielen Hunden ein leichtes Seniorenfutter am besten bekommt, ist anderen mit einem Welpenfutter oder einer speziellen Ernährung aus Lammfleisch und Reis besser gedient.

Wasser

Neben einem ausgewogenen Futter verlangt Ihr Hund Wasser. Wasser sorgt für die korrekte Feuchtigkeitsversorgung des Körpers. Während der Erziehung zur Stubenreinheit ist es wichtig, dass Sie die von Ihrem Welpen aufgenommene Wassermenge kontrollieren. Ist er jedoch stubenrein, sollte er jederzeit unbegrenzten Zugriff auf frisches, sauberes Trinkwasser haben. Dies ist besonders dann wichtig, wenn Sie ihn ausschließlich mit Trockenfutter ernähren. Der Wassernapf Ihres Hundes sollte stets sauber sein und das Wasser regelmäßig gewechselt werden. Oft finden sich gerade nach den Mahlzeiten Essensreste darin.

Bewegung

Auch wenn der Malteser zu den kleineren Hunderassen gehört, braucht er doch regelmäßigen Auslauf.
Ein bewegungsarmer Lebensstil ist für einen Malteser wie auch für seinen Halter sehr ungesund. Der Malteser ist kein übermäßig aktiver Hund. Wenn Sie ihm regelmäßige Spaziergänge und Auslauf im Garten garantieren können, werden Sie seinen Ansprüchen gerecht. Vergessen Sie dabei aber nicht, dass ein übergewichtiger Hund niemals großen körperlichen Anstrengungen

nach. Die Nieren arbeiten langsamer, und die Verdauung ist auch nicht mehr so effektiv. Diesen Umständen begegnen Sie am besten mit einer Ernährungsumstellung – kleineren Portionen und einer neuen Futtersorte.

ausgesetzt werden sollte. Stattdessen sollten die Anforderungen langsam und schrittweise gesteigert werden. Bewegung ist nicht nur für die körperliche Fitness, sondern auch für das geistige Wohlergehen Ihres Hundes wichtig. Ein gelangweilter Hund sucht sich eine Beschäftigung, was nicht selten in ein destruktives Verhalten ausartet.

Fellpflege

Das Haar Ihres Maltesers muss regelmäßig gebürstet und gekämmt werden. Es ist daher unbedingt erforderlich, dass Ihr Malteser von frühestem Alter mit kurzen Pflegezeiten daran gewöhnt wird. Von Beginn an muss man sich dafür täglich ein paar Minuten Zeit nehmen, die Dauer der Pflege steigert sich langsam mit der zunehmenden Haarlänge des Maltesers.

Züchter haben alle ihre eigene Methode der Fellpflege, zweifellos werden Sie auch herausfinden, womit Sie am besten zurechtkommen. Manche Malteserbesitzer nehmen ihre Hunde zur Fellpflege auf den Schoß, die meisten setzen ihre Hunde dafür auf den Tisch. Wichtig ist, dass der Tisch eine rutschfeste Oberfläche hat und, dass Sie Ihren Malteser niemals allein unbeaufsichtigt auf dem Tisch lassen, denn eventuelles Herabspringen kann für ihn schlimm ausgehen.

Frühe Gewöhnung

Sobald der Welpe daran gewöhnt ist, auf dem Tisch stehen zu bleiben, sollte man ihn als Nächstes daran gewöhnen, sich im Liegen auf den Rücken drehen zu lassen. Hierzu legt man eine Hand auf den Rücken des Welpen,

Hundesitter

Für die meisten Hundehalter ist es eine merkwürdige Vorstellung, Ihre Hunde in die Hände einer fremden Person zu geben. Aber wenn Sie es aus zeitlichen Gründen nicht immer schaffen, Ihrem Hund den nötigen Auslauf zu verschaffen, dann ist ein Hundesitter schon eine Überlegung wert. Was in Amerika schon professionell betrieben wird, ist in Deutschland noch fest in der Hand von Liebhabern. Vielleicht gibt es einen Hundefreund in Ihrer Nähe, der die notwendige Zeit und Lust hat!

Was schmeckt ein Hund?
Wenn Sie manchmal beobachten, wie
Ihr Hund sein Fressen einfach zu ver-
schlingen scheint, fragt man sich, ob er
überhaupt etwas schmeckt. Aber auch
Hunde haben von Geburt an vollständig
ausgebildete Geschmacksnerven, die
zwischen süß, salzig und sauer unterscheiden können.

dem Welpen lassen für den Fall, dass er
sich umdrehen will. Schafft er das auch,
wiederholen Sie sanft und ohne Tadel
das auf den Rücken Drehen einfach,
denn Sie sollen ja schließlich der Boss
bleiben. Handeln Sie feinfühlig, aber
immer bestimmt. Sobald Sie feststellen, dass der Welpe sich daran gewöhnt
hat, dann beginnen Sie mit ein paar
sanften Bürstenstrichen mit Ihrer Stift-
bürste und kämmen Sie ein wenig mit
einem weitzinkigen Kamm. Dies bedarf
gewiss einer Eingewöhnungszeit für
Sie beide, aber nur wenn der Malteser
sich bereitwillig auf den Rücken drehen
lässt, wird es Ihnen möglich sein, das
Haar auch an den weniger zugängli-
chen Stellen zu pflegen wie zum Beispiel zwischen den Vorderläufen und
dem Rippenkorb, in den Schenkelinnen-
beugen und unter dem Kinn. Sie werden später froh sein, wenn Sie sich für
diese Eingewöhnung anfangs Zeit
gelassen haben.
Manche Malteserbesitzer haben es lieber,
wenn ihre Hunde statt auf dem Rücken
auf der Seite liegen. Auch dies kann
gelehrt werden, indem man mit einer
Hand unter den Vorderläufen und dem
Rippenkorb unterstützt, mit der anderen die Hinterhand umfasst und den
Hund sanft auf die Seite rollt, wobei
man mit dem Körper nachgibt, so dass
sich der Welpe sicher fühlt. Auch dann
müssen Sie den Welpen zur Absiche-
rung ein wenig festhalten und loben, bis
er sich mit dem Vorgang angefreundet
hat.

wobei die Finger kopfwärts zeigen. Die
andere Hand umfasst von unten den
Rippenkorb. Drehen Sie dann den Hund
sanft um und halten sie ihn in dieser
Lage fest, wobei Sie ihn ständig streicheln und loben. Tun Sie anfänglich
weiter gar nichts, insbesondere nichts,
was den Welpen verunsichern könnte,
denn dieser Vorgang soll für ihn ein
erfreulicher Vorgang bleiben. Anfänglich muss man auch stets eine Hand auf

Regelmäßige Fellpflege

Um sicherzustellen, dass Ihr Malteser sich stets in bestem Fellzustand präsentiert, muss sein Haar stets sauber gehalten werden und regelmäßig gebürstet, besonders, wenn er nicht gebadet wird. Alle Pflegewerkzeuge müssen immer sauber gehalten werden. Niemals dürfen Kämme verwendet werden, denen Zinken fehlen, denn sie können leicht das Haar beschädigen, oder gar ruinieren! Bürsten Sie auch niemals einen Hund, wenn er ganz trocken ist. Ist der Malteser also nicht mehr feucht vom Baden, dann befeuchten Sie das Haar mit Wasser aus einem feinen Sprühzerstäuber, so dass Sie

Pflegezubehör

Hier einige Beispiele, welche Hilfsmittel für die Körperpflege Ihres Hundes nützlich sind:
- Naturborstenbürste
- Metallbürste
- weitzahniger Kamm
- engzahniger Kamm
- Scheren
- Haargummis
- Haarschleifen
- Fön
- Hundeshampoo
- Haarfestiger
- Duschkopf
- rutschfeste Matte
- Handtücher
- Krallenschneider
- Ohrreiniger
- Watte
- Zahnbürste
- Zahnpasta
- Zahnseide

Füttern Sie richtig!

Eine gute Ernährung ist wichtig für die Gesundheit Ihres Hundes. Viele Halter überfüttern ihre Hunde aber mit unnützen Beigaben, hier einige Beispiele:

- Das Hinzufügen von Milch, Joghurt und Käse scheint gut für das Fell und die Haut zu sein, aber Molkereiprodukte sind sehr fetthaltig und können Durchfall verursachen.
- Fettreiche Nahrung führt zwar nicht zu Herzanfällen, sorgt aber sicherlich dafür, dass Ihr Hund zunimmt.
- Glauben Sie bloß nicht, Ihr Hund hört erst dann zu fressen auf, wenn er keinen Hunger mehr hat. Wenn Sie ihm die Möglichkeit geben, frisst Ihr Hund Sie um Hab und Gut!

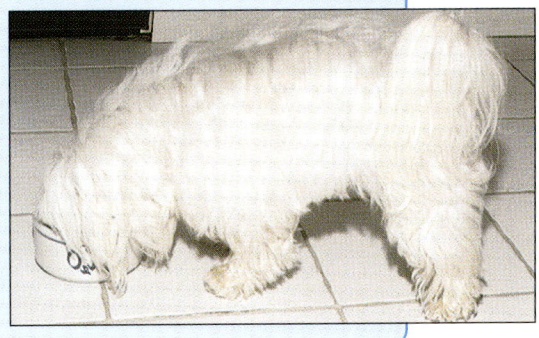

nicht zuviel Haar auskämmen. So vermeiden Sie auch, Haare abzubrechen. Zweifellos werden Sie sich auch, wenn Sie Hundeschauen besuchen, einige Pflegetips von anderen Malteserbesitzern geben lassen, und nach einiger Zeit wissen Sie schon, welches Verfahren für Sie und Ihren Hund das geeignetste ist.

Das Fell des Malteser-Welpen ist etwas einfacher zu pflegen als das des erwachsenen Hundes. Bürsten Sie ihn dennoch täglich und seien Sie dabei sehr sanft.

Ob auf Ihrem Schoss oder auf dem Tisch, arbeiten Sie stets nach gleichem System und vorwiegend mit der Bürste. Viele Malteserbesitzer fangen am hinteren Ende des Hundes an und arbeiten von da nach vorne. Wichtig ist nur, dass man immer bis zum Haarboden durchbürstet, denn wenn nur oberflächlich gebürstet wird, bilden sich gerne in Fell Verfilzungen, die schwierig und manchmal nur unter Schmerzen und ziepen entfernt werden können. Wenn Sie solche Verdichtungen finden, die sich beispielsweise bilden können, wenn Sie Fremdkörper, die der Hund bei seinem letzten Spaziergang im Haar mitgenommen hat, nicht gleich gefunden und entfernt haben, versuchen Sie zuerst, diese Verfilzungen von Hand auseinander zu ziehen. Beginnen Sie

stets im Innern der Verdichtung und arbeiten Sie sich nach außen. Alle anderen Verfahren machen die Verfilzung nur noch härter. Seien Sie auch beim Kämmen der Rutenbehaarung besonders vorsichtig, dass die feinen Knochen des Rutenendes nicht in den Kamm geraten.

Sobald alle Fellpartien durchgearbeitet sind, sollten Sie den gesamten Hund in einem Zug mit der Metallbürste oder mit dem Kamm noch einmal fertig pflegen. Dann ziehen Sie als Letztes einen sauberen und geraden Scheitel entlang der Rückenlinie vom Nacken bis zum Rutenansatz.

Der Kopf

Man muss seinem Malteser angewöhnen, dass er während der Pflege der Kopfbehaarung still stehen oder sitzen bleibt, besonders, wenn der Schopf vorbereitet wird. Davor muss die Kopfbehaarung sorgfältig ausgebürstet werden, das Haar auf dem Schädel wird von den Augen weg hochgebürstet, dann kommt die Fangbehaarung und die der Ohren dran.

Tränenspuren sind bei allen weißen Hunderassen ein wohlbekanntes Problem, also ist wichtig, dass die Augen stets sorgfältigst sauber gehalten werden. Entfernen Sie Tränenrückstände aus den Augenwinkeln mit einem angefeuchteten Wattebausch. Kämmen Sie dann die Fangbehaarung sehr vorsichtig mit einem feinzahnigen Kamm, dabei sollten keine Haare ausfrisiert werden. Denn diese Haare brauchen sehr lange zum Nachwachsen und die nachwachsenden Haare legen sich nicht

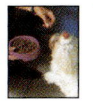

ebenso flach an wie die daneben wachsenden langen Haare.

Es gibt weltweit die unterschiedlichsten Moden, wie der Schopf frisiert wird. Die Zeiten, in denen die Rasse mit heruntergelassener Kopfbehaarung präsentiert wurde, sind sicher vorbei. In Großbritannien ist es üblich, einen Topknot zu binden, während in den USA und anderen Ländern die Kopfbehaarung in zwei Topknots geteilt wird.

Um einen einzelnen Topknot zu bilden, teilt man das Kopfhaar, nachdem man es von den Augen weg hochgebürstet hat, mit dem Kammanfang entlang einer Linie von den äußeren Augenwinkeln her zu den Ohrenkanten hin und quer über den Augen. Das so zusammen-

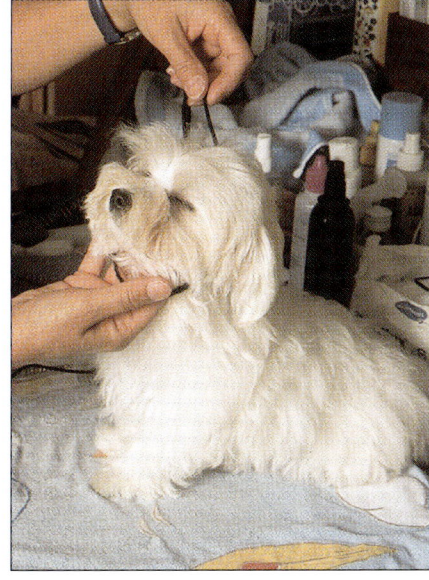

Professionelle Hundefrisöre haben ihre ganz eigenen Techniken. Wenn möglich, schauen Sie ihm bei der Arbeit einmal über die Schulter, um einige Tricks zu lernen.

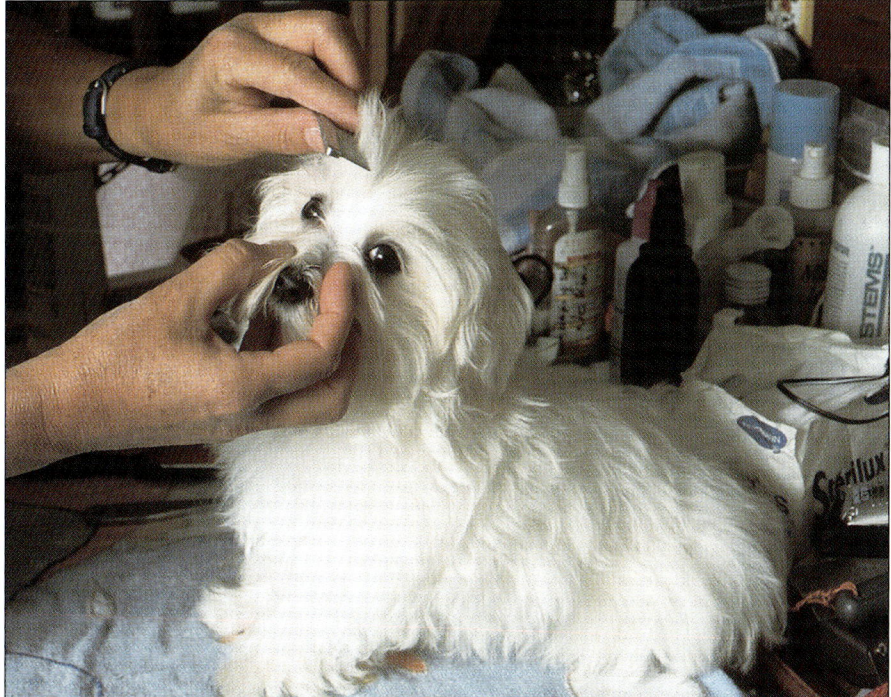

Das Aussehen des Kopfes ist entscheidend für die Gesamterscheinung des Maltesers. Den Topknot zu binden ist eine Aufgabe, die Übung benötigt.

74 • Malteser

Ihr Zoohändler hat eine große Auswahl an Pflegeutensilien. Dort werden Sie das geeignete Zubehör bestimmt finden.

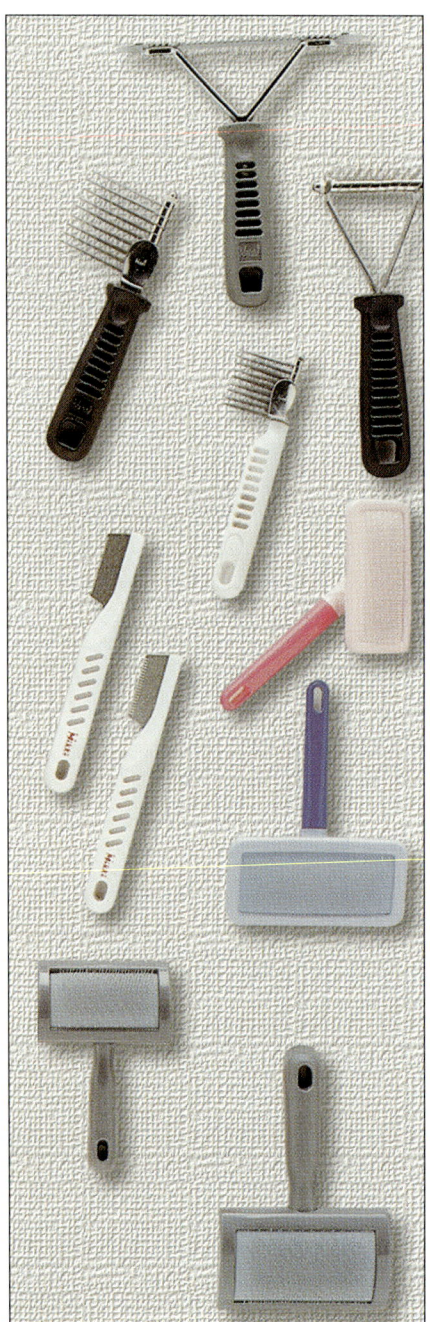

gefasste Haar wird dann mit einem kleinen Gummiband zusammengehalten – aber nicht zu stramm! Für zwei Topknots macht man natürlich einen Mittelscheitel, der zwischen den Augen beginnt und teilt das Schopfhaar so in zwei Partien. Die meisten Malteserbesitzer fixieren den Topknot am liebsten mit einer kleinen Spange, die eigens hierfür angeboten werden. Wenn man ein Gummiband benutzt, darf man dies niemals einfach ausrollen oder abziehen, da damit stets Haare verloren gehen, es muss aufgeschnitten werden. Vorsicht, dabei keine Haare abschneiden!

Baden und Trocknen

Wie oft Sie Ihren Malteser baden, hängt vornehmlich davon ab, ob es sich um einen Haus- oder Ausstellungshund handelt. Ausstellungshunde werden mindestens vor jeder Schau gebadet, manche gar jede Woche. Haushunden mutet man das seltener zu. Vor jedem Baden muss aber das Haar insgesamt sorgfältig durchgebürstet werden, denn Verfilzungen sind nach dem Baden nur noch schwerer zu lösen.

Genau wie bei dem Bürsten so hat jeder Malteserbesitzer auch mit dem Baden seine eigenen Gewohnheiten. Am besten stellen Sie den Malteser auf eine rutschfeste Matte in der Badewanne (manche Leute tun dies auch in einer größeren Spüle) und machen das ganze Fell mit der Handbrause sorgfältig nass. Prüfen Sie zuvor unbedingt die Wassertemperatur auf Ihrem eigenen Handrücken! Verwenden Sie ein gutes Hundeshampoo – es gibt sogar spezielle

Hundehaare bei 200-facher Vergrößerung. Das kleine Bild zeigt die Haarspitze bei 2000-facher Vergrößerung. Dort kann man auch erkennen, dass ein Hundehaar auch an der Spitze und nicht nur an der Wurzel wächst.

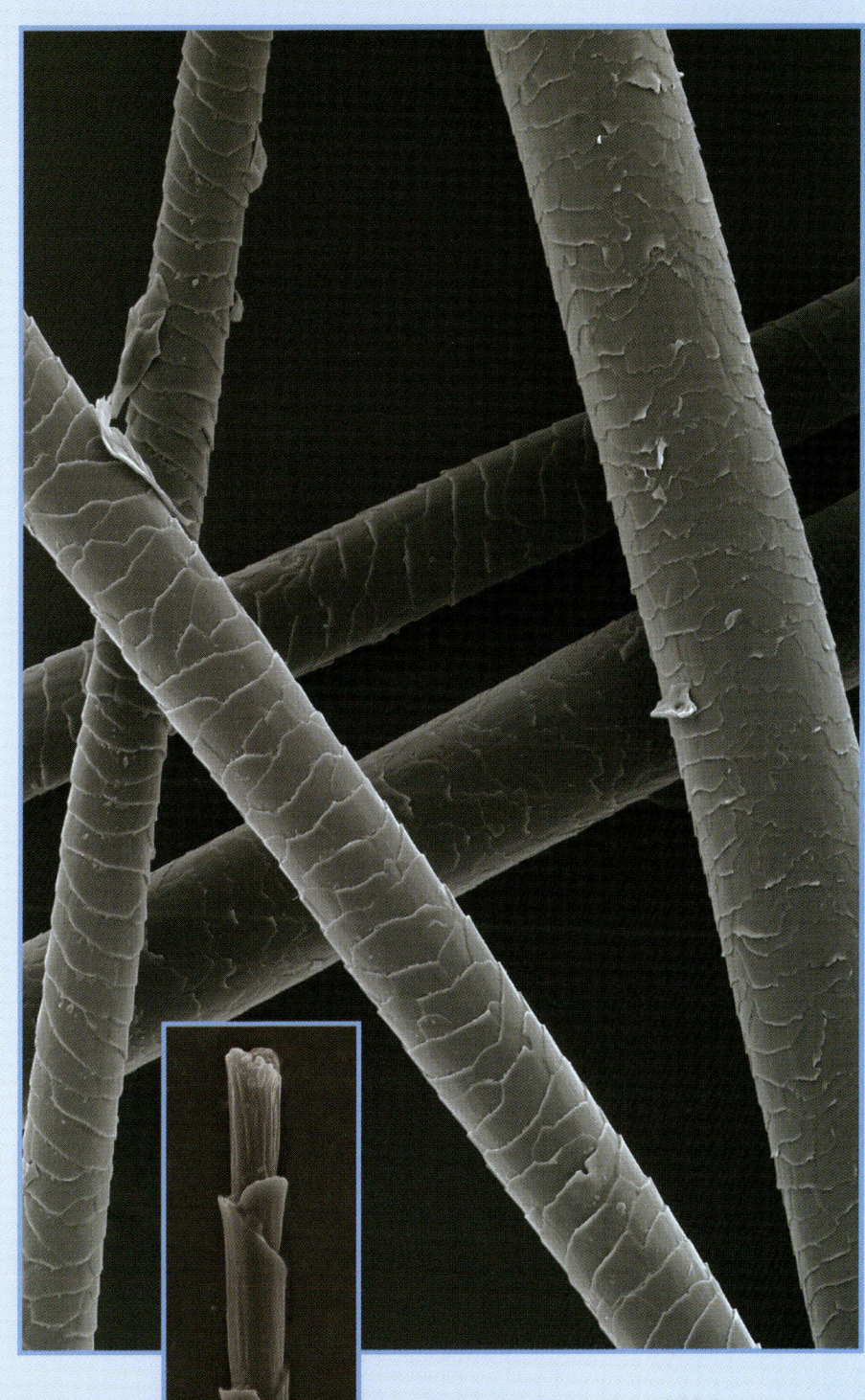

Bevor Sie mit dem Einschäumen beginnen, muss das Fell Ihres Maltesers vollständig durchnässt sein.

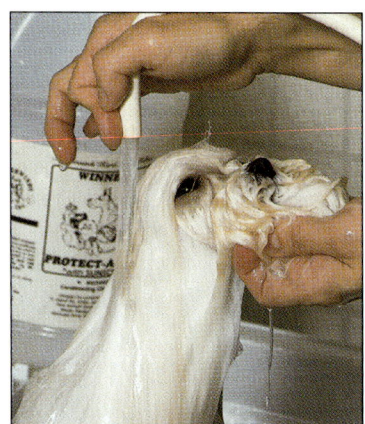

Wenn Sie das Hundeshampoo zunächst in einem Becher mit warmem Wasser verdünnen, können Sie es besser im Fell verteilen.

Massieren Sie das Shampoo sorgfältig in das Fell ein, ohne es dabei zu verknoten. Seien Sie am Gesicht besonders vorsichtig, damit kein Wasser und kein Shampoo in die Augen und Ohren läuft.

Bade-Tipps

Nachdem Sie das Fell Ihres Hundes gründlich ausgespült haben, pressen Sie das überschüssige Wasser mit den Händen aus den Fell und trocknen den Hund mit einem Handtuch ab. Sie können das Fell auch an der Luft oder auch mit Hilfe eines Föhns trocknen. Bei kaltem Wetter sollten Sie Ihren Hund niemals mit nassem Fell nach draußen lassen.

Es sind auch Trockenshampoos in Spray- oder Puderform erhältlich, die zum Reinigen verschmutzter Fellbereiche verwendet werden können. Sie stellen allerdings keinen Ersatz für ein Bad dar, sind jedoch zum Entfernen von Verschmutzungen ganz praktisch, denn sie müssen nicht ausgespült werden.

Shampoos für das weiße Haar des Maltesers. Streichen Sie das Shampoo ins Fell, nicht hineinmassieren, denn das könnte Verfilzungen geben. Nach sorgfältigem Ausspülen des Shampoos arbeiten Sie nach demselben Verfahren die Pflegespülung ein. Lassen Sie die Spülung nach Gebrauchsanweisung einwirken und spülen Sie sie dann wieder sorgfältig aus. Viele Malteserbesitzer verwenden am Kopf nur ein Babyshampoo, das in den Augen nicht brennt und manche verschließen die Ohren mit einem Wattebausch, so dass dort kein Wasser eindringen kann. In den meisten Fällen reicht aber, wenn an heiklen Körperpartien achtsam gearbeitet wird. Am Schluss heben Sie Ihren Malteser sanft aus der Wanne und wickeln Sie ihn in ein warmes, weiches Badetuch – so vermeiden Sie, dass er sich schüttelt. Trocknen geschieht am besten auf dem Tisch, auf dem Sie den Hund immer

Nachdem Sie Ihren Hund mit einem Handtuch abgetrocknet haben, sollte sein Fell fast trocken sein.

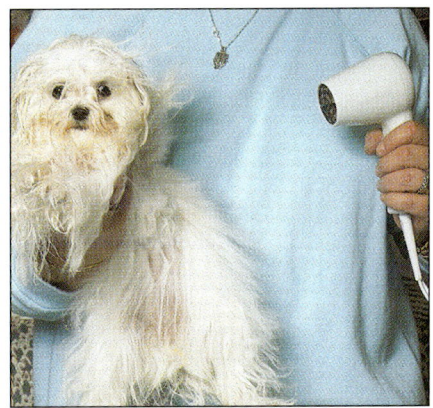

Wenn Sie das Fell mit einem Föhn trocknen, verwenden sie eine mittlere Temperatur, denn die Haut des Maltesers ist sehr empfindlich.

Bade-Tipp

Der Gebrauch von für den Menschen bestimmten Shampoos, Badeschaum und Seife kann der Haut und dem Fell Ihres Hundes schaden. Diese Produkte zerstören den Fettfilm und den natürlichen Säureschutzmantel der Haut und des Fells, die den Hund widerstandsfähig gegen Witterungseinflüsse machen. Ihr Hund braucht nur dann ein Bad, wenn sein Fell stark verschmutzt ist oder der Tierarzt aus gesundheitlichen Gründen dazu rät.

Bürsten Sie das Fell Ihres Maltesers nochmals gründlich durch, wenn es getrocknet ist.

Wer seinen Malteser nicht ausstellen will, kann sein Fell auch kurz scheren lassen. Dies vereinfacht die tägliche Pflege sehr!

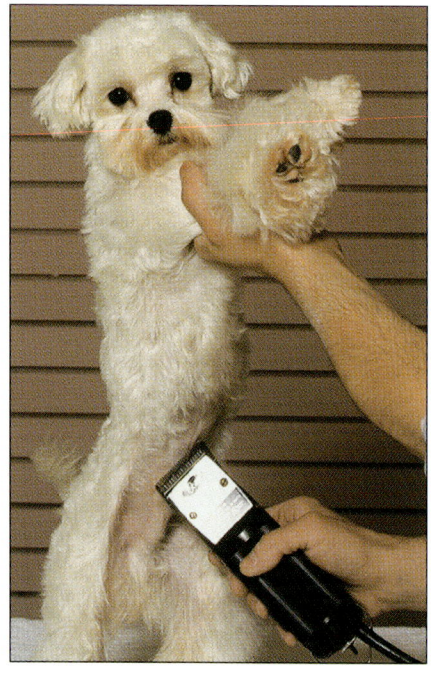

bürsten – oder auf dem Schoß. Trocknen Sie eine Fellpartie nach der anderen mit dem Föhn, die noch nicht bearbeiteten können solange im feuchten Tuch eingewickelt bleiben. Wenn eine Körperseite trocken ist, sollte der Hund auf ein trockenes Tuch auf die andere Seite gelegt werden. Blasen Sie das Haar mit dem Föhn stets in die natürliche Wuchsrichtung, von der Haarwurzel zur Spitze hin und bürsten Sie gleichzeitig sanft. Den Kopf trocknet man meist am Schluss und am besten, wenn der Malteser sitzt. Seien Sie vorsichtig, die meisten Hunde mögen nicht, wenn der warme Luftstrom direkt auf Augen oder Nase trifft.

Schneiden

Das Beschneiden der Pfotenbehaarung, soweit sie über die Pfotenballen hinaussteht, verhindert das Entstehen von Verfilzungen zwischen den Ballen. Bei Rüden beschneiden viele Malteserbesitzer auch das Haar am Penis, es muss jedoch eine Mindesthaarlänge von etwa einem Zentimeter stehen bleiben, da Haarstoppeln zu Irritationen führen können, die Infektionen nach sich zieht. Seien Sie vorsichtig, um nicht in Zitzen zu schneiden und denken Sie daran, dass auch Rüden kleine Zitzen angelegt haben.

Das Gesicht braucht eine besondere Pflege. Am besten eignet sich ein engzahniger Kamm.

Wickeln

Manche Züchter und Aussteller von Maltesern wickeln das Haar in Papier auf, um so die Länge des Haars zu erhalten. Halter von Maltesern, die als reine Haushunde gehalten werden, tun dies selten. Korrektes Wickeln lernt man nicht

Das Gesichtshaar eines erwachsenen Show-Maltesers braucht noch mehr Pflege.

von einem Tag zum anderen und falsches Wickeln schadet dem Haar eher als dass es nützt. Daher lassen sich neue Malteserbesitzer, die das Haar wickeln wollen, dies am besten von einem Könner ausführlich erklären und zeigen. Vor dem Wickeln wird das Haar eingeölt, strähnenweise von der Seite her in Seidenpapier oder Folie eingeschlagen und diese Strähne dann mit der Ummantelung aufgerollt und mit einem Gummiband fixiert. Alle zwei Tage müssen alle Wickel geöffnet und das Haar muss sorgfältig ausgebürstet werden, das kostet viel Zeit. Es ist also kein Ersatz für regelmäßiges Bürsten, sondern eher für die, die dies tun wollen, zusätzliche Arbeit.

Reinigung der Ohren

Die Ohren eines Hundes sollten stets saubergehalten und die Haare in den Ohren zurückgeschnitten werden. Sie können mit einem Wattebausch und speziellem Reinigungsmittel oder auch mit Ohrpuder für Hunde gesäubert werden. Achten Sie dabei aufmerksam auf jegliche Anzeichen für Infektionen oder einen Ohrmilbenbefall. Wenn Ihr Malteser häufig seinen Kopf schüttelt oder sich an den Ohren kratzt, ist das gewöhnlich ein Zeichen für ein gesundheitliches Problem. Verströmen die Ohren einen ungewöhnlichen Geruch, ist das ein klarer Hinweis auf einen Milbenbefall oder eine Infektion, weshalb umgehend ein Tierarzt zu Rate gezogen werden sollte.

Egal ob das Fell kurz geschoren oder lang ist – ein abschließendes Kämmen verleiht Ihrem Hund immer ein besonderes Aussehen.

Bei Show-Maltesern ist es vor allem im Gesicht üblich, die langen Haare zu verpacken, um sie während des Wachstum zu schützen.

Während des Trimmens können Sie einzelne Haarstränge mit Gummibändern zusammenhalten.

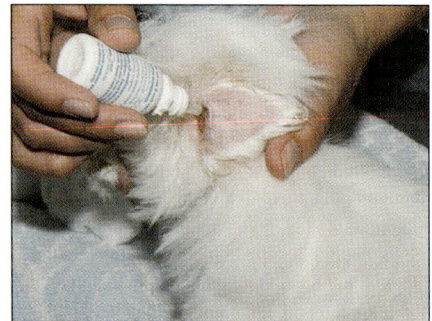

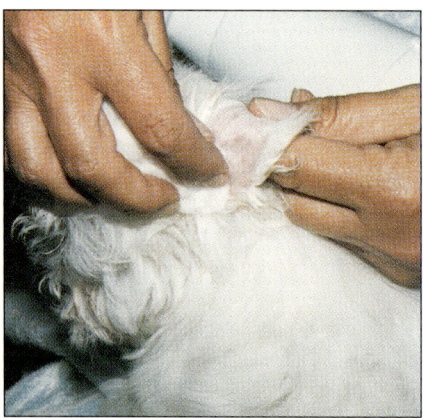

Reinigen Sie die Ohren regelmäßig gründlich mit einem Wattebausch und speziellen Ohrenreinigern.

Das Beschneiden der Krallen

Ihr Malteser sollte so früh wie möglich an das Krallenschneiden gewöhnt werden, denn diese Prozedur stellt einen festen Bestandteil seiner lebenslangen Körperpflege dar. Die Pfoten sehen so nicht nur besser aus, lange Krallen stellen für Sie und Ihre Familie eine unnötige Verletzungsgefahr dar. Außerdem kann sich Ihr Hund eine lange Kralle viel schneller an- oder ausreißen. Darüber hinaus lassen lange Krallen die Zehen weit auseinander stehen, was zu einer Fehlstellung der Pfoten führen kann. Eine gute Faustregel ist die, dass wenn Sie die Krallen Ihres Hundes beim Laufen auf dem Boden hören können, es Zeit zum Beschneiden ist. Kontrollieren Sie auch stets die an den Vorderläufen hochsitzenden Daumenkrallen.

Bevor Sie beginnen, sollten Sie die Ader in jeder Kralle deutlich sehen können. Diese Ader verläuft in der Mitte jeder Kralle und reicht bis in die Nähe der Krallenspitze. Wenn diese Ader versehentlich verletzt wird, kommt es zu einer starken Blutung. Da dabei empfindliche Nervenenden verletzt werden, verursachen Sie Ihrem Hund auch noch Schmerzen. Haben Sie deshalb für den Notfall etwas blutstillende Watte oder einen entsprechenden Puder zur Hand. Auf die Wunde aufgetragen, kommt die Blutung schnell zum Stillstand. Geraten Sie bitte nicht in Panik, sondern reden Sie besänftigend auf Ihren Hund ein. Nachdem er sich beruhigt hat, wenden Sie sich der nächsten Kralle zu. Es ist besser mehrmals kleine Teile der Kralle abzuknipsen, besonders bei dunklen Krallen, wo die Ader kaum zu erkennen ist.

Es ist wichtig, dass Ihr Hund still sitzt, denn jede plötzliche Bewegung stellt eine Verletzungsgefahr dar. Reden Sie mit Ihrem Hund in ruhigem und sanftem Ton, halten Sie seine Pfote fest in einer Hand und beschneiden Sie dabei die Krallenspitzen. Spezielle Krallenschneider für Hunde sind dafür am besten geeignet und in jeder guten Zoofachhandlungen oder auch vom Tierarzt erhältlich.

Reisen mit Ihrem Hund

Autofahren

Ihr Hund sollte bereits als Welpe an das Fahren im Auto gewöhnt werden. Auch

Tipps zur Krallenpflege

Ein Hund, der viel Zeit im Freien verbringt und auf harten Oberflächen läuft, wetzt sich seine Krallen auf natürliche Weise ab, wodurch das Beschneiden der Krallen meistens nur in den kalten Wintermonaten nötig wird, wenn der Hund seltener im Freien ist. In jedem Fall aber ist es ratsam, Ihren Hund bereits als Welpen an diese Prozedur zu gewöhnen. Viele Hunde reagieren auf die Berührung ihrer Pfoten sehr empfindlich, werden sie jedoch von klein auf daran gewöhnt, sollte es auch in Zukunft keine Probleme damit geben.

Bis sich Ihr Malteser an die Krallenpflege gewöhnt hat, brauchen Sie vielleicht jemanden, der Ihren Hund festhält, während Sie schneiden.

wenn Sie Ihren Hund gewöhnlich nicht im Auto spazierenfahren, müssen Sie hin und wieder mit ihm zum Tierarzt, fahren. Sie werden bestimmt nicht wollen, dass diese Ausflüge für den Hund zu traumatischen Erlebnissen werden. Der sicherste Platz für Ihren Hund im Auto ist seine Box. Sie können dieselbe

Im Zoohandel erhalten Sie spezielle Krallenschneider für Hunde.

Krallenpflege

Hornmantel

Ader

Schnittlinie

Dunkel gefärbte Kralle

Bei dunklen Krallen ist die Ader oft nicht zu erkennen. Knipsen Sie sie stückchenweise ab oder gebrauchen Sie eine Feile.

Hell gefärbte Kralle

Bei hellen Krallen ist das Beschneiden viel einfacher, denn die Ader in der Kralle ist gut zu erkennen.

Box verwenden, die Ihrem Hund auch zu Hause zur Verfügung steht.

Stellen Sie die Box im Auto auf die Rückbank, setzen Sie Ihren Hund hinein und beobachten Sie seine Reaktion. Wenn ihm dies so gar nicht zu behagen scheint, kann ihn auch ein mitfahrendes Familienmitglied oder eine andere Person auf dem Schoß halten. Eine weitere Möglichkeit ist der Gebrauch eines speziellen Sicherheitsgeschirrs für Hunde, das den Hund ähnlich wie ein Sicherheitsgurt auf seinem Platz festschnallt. Lassen Sie den Hund niemals frei im Auto herumlaufen! Wenn Sie scharf bremsen, fliegt Ihr Hund wie ein Geschoss durch das Auto und kann sich und Sie schwer verletzen. Klettert er während der Fahrt zu Ihnen und ist ständig im Wege, werden Sie nur schwer auf die Straßenführung und den Verkehr achten können – eine gefährliche und unfallträchtige Situation für beide.

Auf längeren Fahrten müssen Sie regelmäßig anhalten, damit sich Ihr Hund

Tierquälerei

Ein verantwortungsbewusster und fürsorglicher Hundehalter kann sich kaum vorstellen, dass nicht jeder Besitzer die notwendige Zeit und das notwendige Geld für die Pflege seines Hundes investiert. Leider ist genau dies all zu häufig der Fall. Jeder zweite Fall von Tierquälerei betrifft einen Hund! Bedenken Sie dabei, dass Tierquälerei nicht erst bei körperlicher Gewalt beginnt, sondern schon bei Vernachlässigung und nicht artgerechter Haltung.

erleichtern kann. Nehmen Sie alles Nötige mit, um seine Hinterlassenschaften zu entfernen.

Flugreisen

Es ist heute nicht mehr ungewöhnlich, dass Hunde im Flugzeug reisen, jedoch muss die Genehmigung der Fluggesellschaft vorliegen. Der Hund wird meist in einer Fiberglasbox transportiert. Sie dürfen entweder Ihre eigene benutzen oder müssen eine von der Fluggesellschaft mieten oder sogar kaufen.

Um Ihrem Hund den Aufenthalt etwas angenehmer zu machen, legen Sie sein Lieblingsspielzeug mit in die Box. Der Hund darf mindestens sechs Stunden vor Abflug nicht gefüttert werden und sollte sich beim Trinken so weit wie möglich einschränken. Es ist vorgeschrieben, dass dem Hund auch während des Fluges Wasser zur Verfügung stehen muss.

Stellen Sie sicher, dass Ihr Hund einwandfrei zu identifizieren ist und sich Ihre Kontaktdaten (Name, Telefonnummer und Adresse des Reiseziels) an seinem Halsband und seiner Box befinden. Obwohl solche Transporte für große Fluggesellschaften eine Routineangelegenheit sind, besteht ein gewisses Risiko, dass Sie durch einen dummen Zufall von Ihrem Hund getrennt werden.

Aufenthalt in der Hundepension

Sie wollen Familienurlaub machen und einmal alle Familienmitglieder nebst Hund dabei haben. Natürlich buchen Sie für jeden Urlaub die Unterkünfte im Voraus. Dies ist besonders wichtig, wenn Ihr Hund mitreist. Sie wollen

Reisekrankheit

Wenn das Leben eine Autobahn wäre, hätte Ihr Hund vielleicht gar keine Lust darauf! Einige Hunde werden in Autos reisekrank, was sich in starkem Speichelfluss oder gar Erbrechen äußern kann. In den meisten Fällen geht es Ihrem Hund besser, wenn er in seiner gewohnten Box reisen kann. Um Ihren Hund an das Autofahren zu gewöhnen, unternehmen Sie zunächst einige kurze Fahrten, bevor Sie sich auf eine längere Reise begeben. Geben Sie ihm vor der Fahrt kein Futter und Wasser.

bestimmt nicht das Risiko eingehen, eine Übernachtung im einzigen Hotel weit und breit einzuplanen, um dann herauszufinden, dass Hunde dort nicht erlaubt sind. Sie sollten keine Zimmer für die Familie buchen, ohne zu erwähnen, dass auch ein kleiner Hund mit von der Partie ist. Alternativ dazu könnten Sie sich entschließen, Ihren Hund nicht mit auf die Reise zu nehmen. Das bedeutet, dass Sie sich für die Dauer Ihres Urlaubs

Reisen im Auto

Wenn Sie sich mit Ihrem Hund auf eine längere Autoreise begeben, informieren Sie sich vorher, ob in den Hotels Hunde erlaubt sind. In vielen Hotels ist das nicht der Fall. Es wäre ärgerlich, wenn Sie im einzigen Hotel weit und breit nicht übernachten dürften, nur weil Sie Ihren Hund dabei haben!

um eine Unterkunft für Ihren Hund kümmern müssen. Nun könnten Sie ihn zu einem freundlichen und tierlieben Nachbarn geben, oder dieser könnte jeden Tag mindestens zweimal in Ihrem Heim vorbeischauen, den Hund Gassi führen und füttern oder auch vorübergehend bei Ihnen wohnen, um sich intensiver um den Hund zu kümmern. Sie können Ihren Hund aber auch in einer zuverlässigen Hundepension in die Ferien schicken.

Wenn Sie sich für diese Lösung entscheiden, sollten Sie sich die Unterkunft vorher genau ansehen und sich davon

Reise-Tipp

Lassen Sie Ihren Hund in Pausen während der Fahrt niemals ohne Leine herumlaufen. Er könnte einen Schreck bekommen und weglaufen oder sich entscheiden, einer vorbeikommenden Katze hinterher zu jagen – und Sie sehen Ihren geliebten Hund dann vielleicht nie wieder.

Manchmal werden Sie Ihren Hund in eine Pension geben müssen. Wählen Sie diese gut aus und achten Sie auf die Sauberkeit und wie die Angestellten mit den Hunden umgehen, damit Sie sich völlig sicher fühlen können.

überzeugen, dass die dortigen hygienischen und sonstigen Bedingungen Ihren Vorstellungen entsprechen. Sprechen Sie mit den Angestellten und finden Sie heraus, wie die Hunde behandelt werden. Verbringen sie gemeinsame Zeit mit den Hunden, spielen sie mit ihnen und verschaffen sie ihnen die benötigte Bewegung? Erkundigen Sie sich auch danach, welche Impfungen verlangt werden. Dies dient dem Schutz aller Hunde im Zwinger, denn das Ansteckungsrisiko ist dort am größten, wo viele Hunde zusammen gehalten werden.

Identifikation

Ihr Hund muss ständig ein Halsband tragen, an dem sein Anhänger mit Ihrer Adresse und seine Hundemarke befestigt sind. Läuft Ihr Hund weg, sehen die Finder gleich, dass er zu jemandem gehört und nicht herrenlos herumstreunt. In bestimmten Gegenden kann ihm solch ein Anhänger das Leben retten. Das Halsband ist neben der Tätowierung oder heute dem Mikrochip oft die einzige Chance, seinen Hund zurückzubekommen. In einer fremden Umgebung finden Hunde meist nicht zu der Stelle zurück, von der sie weggelaufen sind.

Identifikation

Ihr Hund ist Ihnen ein wertvoller Gefährte und Freund. Aus diesem Grund behalten Sie ihn stets im Auge und haben sichergestellt, dass er nicht aus dem Garten verschwinden oder sich sein Halsband samt Erkennungsmarke abstreifen und weglaufen kann. Trotzdem kann es zu Situationen kommen, in denen Sie plötzlich von Ihrem Hund getrennt werden. Wenn es zu solch einem tragischen Unfall kommt, wollen Sie Ihren Hund selbstverständlich so schnell wie möglich wiederfinden. Eine einfache Identifizierungsmöglichkeit wie eine Marke, eine Tätowierung oder auch ein Mikrochipimplantat erhöht die Chancen, dass Sie Ihren Hund schnell und gesund zurückerhalten.

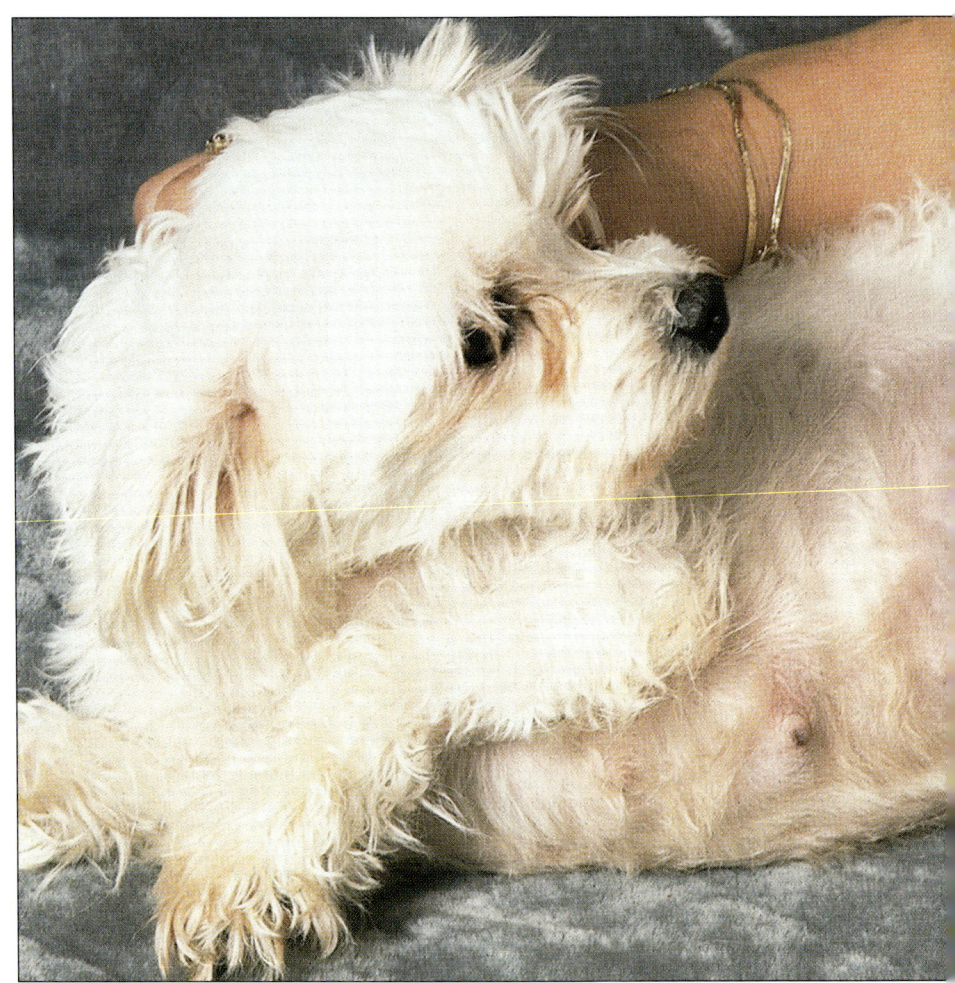

Der abgebildete Malteser wurde am Bauch tätowiert. Diese Art der Kennzeichnung ist neben der Implantation eines Mikrochips die sicherste. Die meisten Züchter geben ihre Welpen tätowiert ab – eine Praxis, die innerhalb des VDH Pflicht ist.

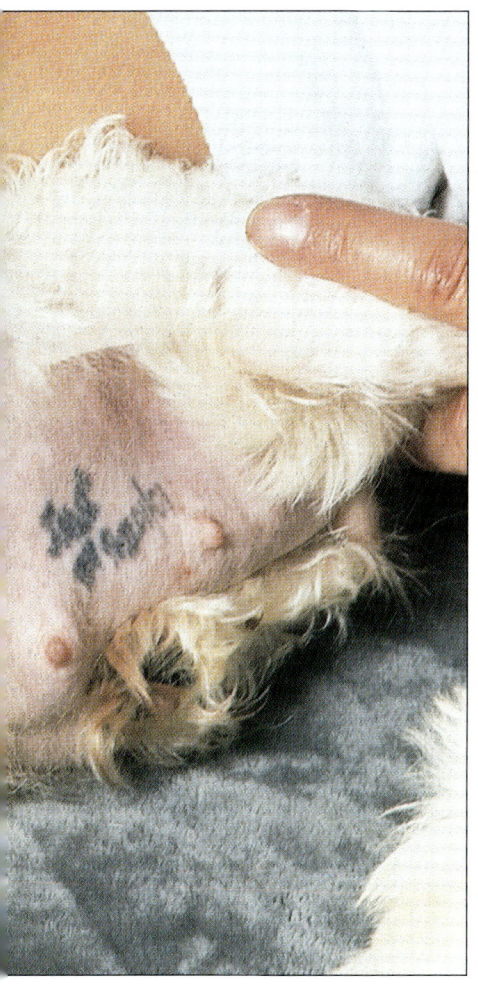

Wussten Sie schon?

Welpen haben neben ihrem ideellen durchaus auch einen finanziellen Wert. Es besteht also die Gefahr, dass Ihnen Ihr Hund gestohlen wird. Das übliche Namensschild am Halsband ist leicht zu entfernen, deshalb muss Ihr Hund dauerhaft gekennzeichnet werden! Hierfür stehen Ihnen zwei Möglichkeiten zur Verfügung: die Kennzeichnung mit Mikrochips und das Tätowieren der Hunde.

Jeder im Bereich des VDH gezüchtete Hund ist mit seiner Zuchtbuchnummer im Ohr tätowiert; in anderen Fällen spricht nichts dagegen, seinen Hund mit irgendeiner anderen Nummer tätowieren zu lassen. Wenn professionelle Hundefänger einen so gekennzeichneten Hund sehen, verlieren sie üblicherweise das Interesse, da Versuchslabors tätowierte Hunde in der Regel nicht kaufen.

Der Mikrochip ist nicht größer als ein Reiskorn. Er trägt eine bestimmte Registriernummer und wird mittels einer Injektion unter der Haut des Hundes – meist an einer Seite des Halses – platziert. Wenn der entlaufene Hund dann bei einem Tierarzt oder im Tierheim abgegeben wird, kann er mit Hilfe des Chips identifiziert werden. Mit einem Lesegerät wird die Nummer festgestellt und über ein zentrales Register können die Daten des Hundes abgefragt werden.

Das Tätowieren wird oft von den Zuchtwarten der Vereine, die Implantation eines Mikrochips von Tierärzten durchgeführt.

Die Erziehung
Ihres Maltesers

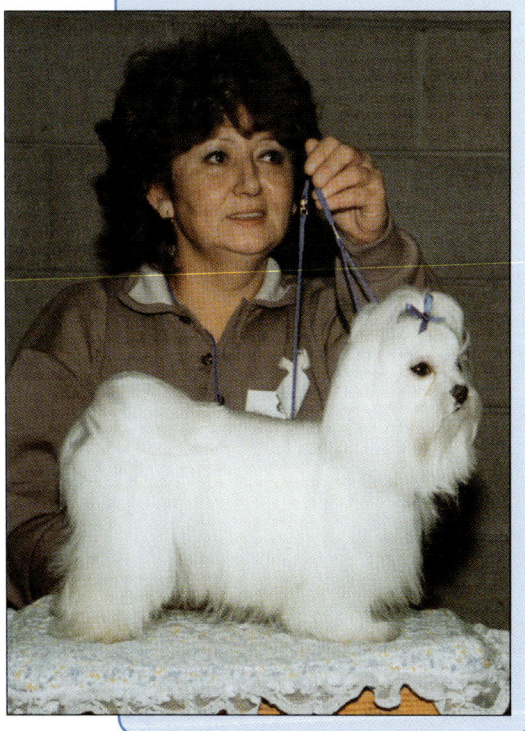

Das Leben mit einem unerzogenen Hund ist ähnlich der Situation, ein Klavier zu besitzen, ohne darauf spielen zu können. Man verfügt über etwas, das schön anzusehen ist, was einem aber keinen Nutzen bringt. Wenn man dann aber Klavierunterricht nimmt, erwacht das Instrument plötzlich zum Leben und lässt sich zauberhafte Töne und Rhythmen entlocken, die dem Spieler ins Blut gehen und Herz und Seele erfreuen. Das Gleiche trifft auch auf Ihren Malteser zu. Jeder Hund kann ohne das richtige Training ein unakzeptables Verhalten entwickeln, das Sie wütend macht. Beginnen Sie damit, Ihren Malteser auszubilden und lernen Sie selbst, wie und warum er sich auf diese oder jene Art verhält. Sie lernen, mit Ihrem Hund zu kommunizieren und wie Sie seine Ausdrucksweisen verstehen und umsetzen können. Plötzlich nimmt der Hund in Ihrem Leben eine neue Stelle ein. Er ist elegant, interessant, gut erzogen, unterhaltsam und zeigt Ihnen jeden Tag aufs Neue seine enge Bindung und Zuneigung. Mit anderen Worten ist Ihr Malteser Balsam für Ihr Ego, indem er Ihnen zu verstehen gibt, dass Sie nicht nur sein Rudelführer, sondern auch sein Held sind.

Hundetrainer haben zum Thema Hundehaltung einige interessante Entdeckungen gemacht. Beispielsweise ist das Training von Welpen am erfolgversprechendsten. Die Ausbildung eines bereits

Um Ihren Hund erfolgreich zu erziehen, müssen Sie ihm vermitteln können, was Sie von ihm wollen. Außerdem benötigen Sie seine ganze Aufmerksamkeit.

etwas älteren Hundes, beispielsweise ab einem Alter von sechs Monaten bis zum sechsten Lebensjahr, kann gleiche Ergebnisse erzielen, wenn der Halter die etwas eingeschränkte Lernfähigkeit berücksichtigt und gewillt ist, seinen Hund mit viel Geduld zu unterstützen. Unglücklicherweise ist es gerade die Geduld, die den meisten Haltern von unerzogenen Hunden fehlt. Sie haben nicht die Ausdauer, das Training fortzusetzen, bis ihre Hunde beim Erlernen bestimmter Verhaltensweisen erfolgreich sind.

Das Trainieren eines Welpen im Alter von zehn bis maximal zwanzig Wochen kann man mit dem Eintauchen eines trockenen Schwamms in einen Wassereimer vergleichen. Der Welpe saugt umgehend alles in sich auf und will ständig dazulernen. In diesem Alter produziert sein Körper noch keine Hormone, und genau darin liegt das Geheimnis. Ohne diese Hormone konzentriert sich der Welpe voll auf seinen Halter und zeigt kein großes Interesse an seiner Umwelt. Sie sind sein Rudelführer, seine

Endlich frei!

Einmal ohne seine Leine herumzutoben ist für jeden Hund ein großer Spaß. Für Sie stellt sich nun heraus, wie gut Sie Ihren Hund erzogen haben. Lassen Sie Ihren Hund zunächst am besten nur in einem überschaubaren, einge-zäunten Gebiet frei laufen. Das ist sicher für ihn und Sie brauchen sich keine Sorgen zu machen, ob er davon laufen könnte. Achten Sie aber auch jetzt genau auf Ihren Hund. Lassen Sie ihn nicht unbeobachtet und schauen Sie, mit welchen anderen Hunden er spielt. Je besser Sie Ihren Hund erzogen haben, desto gehorsamer ist er auch ohne Leine!

Quelle für Futter und Wasser, sein Obdach und seine Sicherheit. Er ist an Sie gebunden und will stets bei Ihnen sein. Gewöhnlich folgt er Ihnen von Raum zu Raum, lässt Sie draußen im Freien nicht aus den Augen und reagiert auf andere Menschen und Tiere in gleicher Weise wie Sie es tun. Wenn Sie einen Freund herzlich begrüßen, wird er dies ebenfalls tun. Wenn Sie einem Fremden gegenüber zurückhaltend oder sogar ängstlich sind, wird seine Reaktion auf diese Person dieselbe sein.

Wenn der Körper des Welpen mit der Produktion von Sexual-Hormonen be-ginnt, kommt auch seine natürliche Neugierde an den Tag. Er fängt an, die Welt um sich herum eingehend zu erforschen. Dies ist genau der Zeitpunkt, wenn der Halter eines nicht erzogenen Hundes feststellt, dass sich sein Hund von ihm zu entfernen beginnt und ihn sowie die erteilten Befehle schlicht ignoriert. Wenn dieses Verhalten zu einem Problem wird, sollte der Halter geginnen, ihn zu erziehen.

Leider kommt es vor, dass sich keine Hundeschule in Ihrer Nähe befindet, die Aufnahmekapazität der Klassen erschöpft oder die Schule zu teuer ist. Dann müssen Sie die Erziehung selbst in die Hand nehmen.

Dieses Kapitel soll Ihnen dabei helfen, Ihren Malteser zu Hause auszubilden.

Ob es sich bei Ihrem Malteser um einen Welpen oder einen erwachsene Hund handelt, ist nebensächlich. Die Trainings-methoden zum Erlernen der Grundlagen des Gehorsams sind dieselben. Kein Hund, ob nun Welpe oder erwachsen, mag schroffe oder unmenschliche Trainingsmethoden; andererseits ist die Reaktion aller empfindsamen Lebewesen auf sanfte, motivierende Methoden, Ermutigung und Lob generell positiv. Lassen Sie uns also beginnen.

Die Stubenreinheit

Sie können Ihren Welpen dahingehend trainieren, dass er sein Geschäft genau dort erledigt, wo Sie wünschen, jedoch muss es sich dabei um ein geeignetes Plätzchen handeln. Denken Sie bitte daran, dass Sie seine Hinterlassenschaften auf öffentlichen Anlagen selbst beseitigen müssen. Aus diesem Grund sollten Sie stets eine kleine Schaufel und eine Plastiktüte bei sich haben. Das Stubenreinheitstraining schließt Oberflächen wie Grasflächen, Sandstellen und auch Zement-, Beton- und Natursteinböden ein. In der Wohnung oder im Haus wird gewöhnlich Zeitungspapier verwendet. Auf der Suche nach einem geeigneten Ort sollten Sie sich für einen bestimmten Platz und eine gleichbleibende Oberfläche entscheiden. Wenn Sie mit dem Training auf einer Grasfläche beginnen und sich dann nach zwei Monaten anders

entscheiden, wird die Erziehung für Ihren Hund und damit auch für Sie unnötig erschwert. Als nächstes sollten Sie sich ein Kommando aussuchen, das von nun an für genau diesen Zweck konsequent benutzt wird – „Mach Häufchen" oder „Gassi" sind zwei häufig verwendete Befehle. Gewöhnen Sie sich an, Ihrem Hund vor dem Gassigehen das Kommando zu geben. Auf diese Art werden Sie bei Ihrem erwachsenen Hund, wenn er das gewohnte Kommando hört, erkennen können, ob er nach draußen will oder nicht. Ein „Ja" äußert sich dann meistens in Schwanzwedeln, einem eindringlichen Blick oder dadurch, dass Ihr Hund zur Tür läuft.

Wenn Sie Ihren Malteser frei im Garten laufen lassen, achten Sie darauf, dass der Zaun wirklich hoch genug ist.

> ### Wussten Sie schon?
> Für den Hund entsprechen Ihre Hände seiner Schnauze: Sie halten fest, liebkosen, wehren ab und vieles mehr. Es ist eine natürliche Reaktion, dass er Sie zwickt, wenn Sie ihn durch grobes Anfassen zwicken – und keinesfalls Aggressivität! Und obwohl Beißen niemals akzeptabel ist: Auch Sie müssen lernen, mit Ihrem Hund richtig umzugehen.

Verbote gehören zur Erziehung. Zeigen Sie Ihrem Hund frühzeitig, was er darf und was nicht! Malteser sind neugierig und werden alles erkunden, was sie erreichen können.

Ansprüche des Welpen

Welpen müssen sich nach jeder Spielstunde, jeder Mahlzeit, nach jedem Schläfchen und immer dann erleichtern können, wenn sie es anzeigen. Die Schließmuskeln sind bei jungen Welpen noch nicht vollständig entwickelt, weshalb sie sich regelmäßig entleeren müssen.

Führen Sie Ihren Welpen häufig nach draußen – im Alter von acht Wochen jede Stunde. Je älter der Welpe wird, umso seltener muss er sich erleichtern. Ein gesunder, erwachsener Hund, wird nur drei bis fünf Mal am Tag nach draußen müssen.

Mahlzeit!

Ihr Welpe darf während des Fressens nicht abgelenkt oder gestört werden. Stellen Sie seinen Futternapf in eine Ecke der Küche, in der er völlig ungestört ist und wo keine hektische Betriebsamkeit herrscht. Achten Sie besonders darauf, dass Ihre Kinder den Kleinen beim Fressen in Ruhe lassen! Es wäre nur zu verständlich, wenn er sich wehren würde!

Unterbringung

Die Art der Unterbringung und Ihre konsequente Kontrolle stehen in einem direkten Zusammenhang mit einem erfolgreichen Stubenreinheitstraining. Einen Welpen nach Hause zu bringen und ihn dann frei im Haus herumlaufen zu lassen, ist in etwa das Gleiche, als würde man ein Kind in einem Sportstadion aussetzen und ihm sagen, dass der ganze Platz ihm gehört. Die im Vergleich ungeheuerliche Größe dieses Ortes wäre mehr, als es verkraften kann. Stattdessen sollten Sie Ihrem Welpen

Erst denken, dann bellen!

Hunde reagieren sehr sensibel auf die Stimmungs- und Gefühlslage ihres Besitzers. Benutzen Sie deshalb Ihre Stimme sehr vorsichtig, wenn Sie Ihren Hund ansprechen. Werden Sie nur dann laut, wenn Sie ärgerlich sind und ihn tadeln! Er würde es nicht verstehen, wenn Sie ihn grundlos „anbellen", und irgendwann gar nicht mehr hinhören.

Wussten Sie schon?

Im Grunde sind Hunde die besseren Menschen: Sie sind tolerant, vorurteilsfrei und akzeptieren uns als ihresgleichen. Sie ordnen sich uns sogar unter. Welpen sehen Kinder jedoch als gleichrangig an. Darum ist ihr Verhalten zu Kindern auch deutlich anders als das gegenüber ihrem erwachsenen „Rudelführer".

deutlich eingegrenzte Bereiche zur Verfügung stellen, wo er spielen, schlafen, fressen und leben kann.

Ein Zimmer, in dem sich auch die Familie am häufigsten aufhält, ist die offensichtlichste Möglichkeit. Hunde sind soziale Tiere und müssen von Anfang an das Gefühl haben, ein Teil des Rudels zu sein. Ihre Stimme zu hören, Sie beobachten zu können und Ihren Geruch wahrzunehmen, sind allesamt Bestätigungen, dass er ein festes Mitglied Ihres Rudels ist. Das Wohnzimmer oder auch die Küche sind ideale Räume, die Ihnen und dem Welpen Sicherheit und Geborgenheit vermitteln.

Innerhalb des ausgewählten Zimmers sollte es einen Bereich geben, den der Welpe sein Eigen nennen kann. Eine gemütliche Ecke, eine Gitter- oder Fiberglasbox oder ein abgetrennter Zimmerteil (keine Ecke ohne Sichtverbindung), von wo aus er die Aktivitäten seiner Familie beobachten kann, wären ideal.

Die Größe dieses Bereiches oder der Box ist sehr wichtig für die Erziehung. Der Welpe muss in jedem Fall genug Platz haben, um sich hinlegen und ausstrecken zu können. Er muss auch aufstehen können, ohne dabei mit dem Kopf an die Decke zu stoßen. Andererseits sollte die Fläche so bemessen sein, dass er sich nicht in einer Ecke erleichtern und in der anderen friedlich schlafen kann, ohne mit seinen Ausscheidungen in Berührung zu kommen. Hunde sind von Natur aus saubere Tiere, die niemals ihren Schlafplatz beschmutzen würden, es sei denn, sie werden dazu gezwungen. In solchen Fällen werden sie zu unsauberen Hunden, was sich später nur schwer wieder ändern lässt.

Erziehungsratschlag

Ein Hund tut alles, um Ihre Aufmerksamkeit zu erlangen. Wenn Sie Ihren Hund für ruhiges und artiges Verhalten belohnen, wird er sich zu einem Hund mit guten Manieren entwickeln. Wenn Sie ihn aber immer aufgeregt und überschwänglich begrüßen und ihn zum Herumtoben in der Wohnung animieren, wird er sich zu einem ruhelosen, hektischen Hund entwickeln.

Achtung!

Während Sie Ihren Hund trainieren, werden Sie auch fast unbemerkt von ihm erzogen. Er „testet" verschiedene Verhaltensweisen und wiederholt natürlich, was letztendlich zum Erfolg geführt hat.

Der Zeitungsteppich

Sie dürfen den Schlafbereich Ihres Welpen nicht mit Zeitungspapier auslegen. Vermutlich ist er beim Züchter mit Zeitungspapier aufgewachsen, das den Kleinen als Löseplatz gedient hat. Daran wird er sich bei Ihnen sofort erinnern. Wenn Sie dies nicht auch in Ihrem Haus ausdrücklich beibehalten wollen (dann aber ausschließlich an einer bestimmten Stelle!), sollten Sie kein Zeitungspapier auf den Boden legen – dies würde ihn nur verwirren. Übrigens sollten Sie Ihren Welpen vor dem Schlafen nicht mehr zu viel trinken lassen – dann hält er nachts viel besser durch.

Der Schlaf- und Spielbereich sollte mit einer sauberen Hundedecke ausgelegt sein und ein Spielzeug enthalten. Außerdem darf ein standfester Wassernapf nicht fehlen, den der Hund nicht umstoßen und der nicht überschwappen kann.

Die Kontrolle

Mit Kontrolle ist hier gemeint, Ihrem Welpen dabei zu helfen, eine Lebensweise zu entwickeln, die mit der seines menschlichen Rudels (Ihnen) in Einklang steht. Genauso, wie wir Kleinkinder auf unseren Lebensweg zu führen versuchen, müssen wir auch den Welpen lehren, wann es Zeit zum Spielen, Fressen, Schlafen und für gemeinsame Aktivitäten ist und wann er sich mit sich selbst beschäftigen soll.

Ihr Welpe sollte stets in seiner Box schlafen. Er sollte sich, während Sie die Hausarbeit erledigen und die Familie zu den Mahlzeiten zusammenkommt, in

Entwicklungsstufen des Hundes

Es ist wichtig zu verstehen, wie sich ein Welpe zum erwachsenen Hund entwickelt. Als Welpenbesitzer sollten Sie den nachfolgenden Plan über die verschiedenen Entwicklungsstufen, die ein Junghund durchläuft, zu Rate ziehen um so herauszufinden, in welcher Phase sich Ihr Welpe gerade befindet. Diese Kenntnis wird Ihnen in den ersten Wochen und Monaten bei der Arbeit mit Ihrem Hund eine große Hilfe sein.

Phase	Alter	Merkmale
ERSTE BIS DRITTE	GEBURT BIS 7 WOCHEN	Der Welpe braucht Futter, Schlaf und Wärme und reagiert auf sanfte Berührung; er braucht seine Mutter, die ihm Sicherheit gibt und ihn erzieht, und seine Geschwister, um den Umgang mit anderen Hunden zu lernen; er lernt Rudelverhalten und die Rangordnung im Rudel zu akzeptieren. Er fängt an, mit Erwachsenen und Kindern Kontakt aufzunehmen und bewusst seine Umgebung wahrzunehmen.
VIERTE	8 BIS 12 WOCHEN	Das Gehirn ist voll entwickelt. Jetzt muss die Gewöhnung an die Außenwelt beginnen. Mutter und Geschwister werden immer weniger gebraucht. Kann jetzt vom Hunde- ins Menschenrudel wechseln und begreift schnell die menschliche Dominanz. Von acht bis 16 Wochen hat der Welpe seine „ängstliche" Phase; furchterregende und schmerzhafte Erfahrungen sollten von ihm ferngehalten werden.
FÜNFTE	13 BIS 16 WOCHEN	Beginn des Gehorsamstrainings. Reduzieren Sie den Kontakt Ihres Welpen zu anderen Hunden etwas, bringen Sie ihn mehr in menschliche Gesellschaft. Denken Sie daran: Nun beginnt der Wechsel zum Erwachsensein. Behandeln Sie ihn fest, aber gerecht! Sein Fluchtinstinkt ist jetzt deutlich ausgeprägt. Sowohl zu große Nachgiebigkeit als auch übermäßige Strenge können irreparable Schäden anrichten. Loben Sie ihn bei jeder Gelegenheit!
JUNGHUND	4 BIS 8 MONATE	Noch eine „ängstliche" Phase im Alter von sieben bis acht Monaten, die zwar schnell vorüber ist, aber dennoch sollte er in dieser Zeit nicht verschreckt werden oder Schmerz erleiden. Die Geschlechtsreife ist erreicht; die wichtigsten Charakterzüge sind gefestigt. Er sollte „Sitz", „Platz", „Komm" und „Bleib" befolgen können.

Anmerkung: Dies ist nur ein ungefährer Zeitrahmen. Einzelne Unterschiede bei den Welpen sind zu berücksichtigen.

Trainings-Tipp

Einen Hund zu trainieren ist eine Erfahrung fürs Leben. Viele Eltern sagen, dass sie vieles von dem, was sie über die Erziehung von Kindern wissen, durch den Umgang mit ihren Hunden gelernt haben. Hunde sprechen auf Liebe, Fairness und Führung genauso gut an wie Kinder. Ein guter Hundehalter ist vielleicht auch ein noch besserer Elternteil.

seine Box zurückzuziehen und mit sich selbst vergnügen.

Wann immer Sie Ihren Hund alleine lassen, sollte er die Zeit bis zu Ihrer Rückkehr in seiner Box verbringen. Wie bereits erwähnt, sind Welpen „Nagetiere". Sie kennen den Unterschied zwischen einem Kauspielzeug und Lampenkabeln, Telefonkabeln, Schuhen, Tischbeinen oder ähnlichen Gegenständen nicht. Das Durchbeißen eines Elektrokabels gefährdet nicht nur das Leben Ihres Welpen kosten, sondern kann auch einen Wohnungsbrand auslösen.

Wenn Ihr Welpe, während er alleine ist, die Armlehne Ihres Lieblingssessels zerlegt, werden Sie vermutlich ausgesprochen verärgert sein und ihn nach Ihrer Rückkehr dafür bestrafen. Das führt jedoch lediglich dazu, dass Ihr Welpe diese Bestrafung mit Ihrer Heimkehr und nicht mit seiner Schandtat in Verbindung bringt, denn er kann sich nicht mehr daran erinnern, dass er die Armlehne zerbissen hat und versteht somit auch nicht, wofür er bestraft wird.

Aufregende Ereignisse wie Familienfeiern können auch Ihrem Hund Spaß bereiten, vorausgesetzt, er kann die Aktivitäten von einem sicheren Plätzchen wie aus seiner Box verfolgen. So kann er den vielen Menschen nicht zwischen die Beine geraten und wird auch nicht mit allen möglichen Appetithäppchen gefüttert, die ihm vermutlich den Magen verderben würden. Trotzdem wird er das Gefühl haben, an den Geschehnissen teilzunehmen.

Die Goldene Regel

Die Goldene Regel der Hundeerziehung ist einfach: Auf jedes Kommando gibt es nur eine richtige Reaktion. Ein Befehl wird solange geübt, bis der Hund ohne zu zögern in der gewünschten Form darauf reagiert. Wiederholen Sie die Übung so oft wie notwendig, ohne dabei aber monoton zu werden. Hunde langweilen sich genauso schnell wie Menschen.

Sicherheit auf Reisen ist nur einer der Vorteile, die eine Box Ihrem Hund bietet. Auch im Haus bieten Sie Ihrem Hund einen eigenen und sicheren Platz.

Der Stundenplan

Sie sollten Ihren Welpen generell immer dann Gassi führen, wenn er seine Box verlässt, nachdem er gefressen hat, nach der Spielstunde, wenn er am Morgen aufwacht (im Alter von acht Wochen kann das um fünf Uhr morgens der Fall sein) und wann immer er durch geschäftiges Herumlaufen und -schnüffeln anzeigt, dass er ein Geschäft erledigen muss – übersehen Sie diese Zeichen bitte nicht.

Bei einem Welpen im Alter von unter zehn Wochen ist dafür ein stündlicher Rhythmus nötig. Mit zunehmendem Alter hält der Welpe dann länger durch. Der Weg zur festgelegten „Toilette" sollte möglichst kurz sein. Warten Sie nicht länger als fünf bis sechs Minuten darauf, dass Ihr Welpe sein Geschäft verrichtet. Verrichtet er sein Geschäft innerhalb dieser Zeit, loben Sie ihn ausgiebig und bringen ihn umgehend nach Hause zurück. Verstreicht die Zeit unverrichteter Dinge und kommt es dann in der Wohnung zu einem „Unfall", greifen Sie ihn umge-

hend im Genick, heben ihn mit den Vorderbeinen etwas vom Boden hoch, sagen in strengem Ton „Nein!" und führen ihn zurück zu seiner „Toilette". Dort warten Sie weitere fünf Minuten und bringen ihn dann wieder nach Hause. Sie dürfen Ihren Welpen niemals schlagen oder ihn mit der Nase in seine Exkremente halten, wenn er einen Unfall in der Wohnung hatte! Damit geben Sie zwar Ihrem Ärger Ausdruck, jedoch hat das keinerlei erzieherischen Wert.

Nehmen Sie die Leine!

Tragen Sie Ihren Hund, sobald er etwas älter ist, nicht mehr zu seinem Löseplatz. Führen Sie ihn an der Leine dorthin, oder locken Sie ihn, so dass er Ihnen folgt. Wenn Sie nicht rechtzeitig aufhören, ihn zu seiner „Toilette" zu tragen, werden Sie das letztendlich auf ewig tun müssen – und Ihr Kleiner hat Sie erfolgreich erzogen!

Eine saubere Sache

Wenn Sie Ihrem Hund einen eigenen Schlaf- und Aufenthaltsplatz einrichten und ihm zudem noch häufig die Möglichkeit geben, seine Geschäfte draußen zu verrichten, wird der Welpe schnell lernen, dass draußen der richtige Platz ist, um sich zu lösen. Jeder Hund hat den instinktiven Wunsch, seinen eigenen Schlaf- und Aufenthaltsplatz nicht zu beschmutzen. Das häufige Lösen hilft auch der Entwicklung der Schließmuskeln und bald schon werden Sie einen stubenreinen Hund haben, der sich immer seltener zwischen den Spaziergängen lösen muss.

Wieder zuhause angelangt, setzen Sie Ihren Welpen in seine Box, bis Sie die Folgen des Unfalls beseitigt haben. Danach lassen Sie ihn aus der Box, behalten ihn aber genau im Auge. Es besteht die Möglichkeit, dass der Unfall darauf zurückzuführen ist, dass Sie die Anzeichen nicht beachtet oder einfach zu lange gewartet haben, ihm die Möglichkeit zum Erleichtern zu geben.

Geben Sie Ihrem Welpen die Möglichkeit zu lernen, dass der Gang nach draußen heißt, dass es Zeit für sein Geschäft und nicht zum Spielen ist. Wenn er erst einmal stubenrein ist, wird er kein Problem damit haben, draußen zwischen Spiel- und „Toilettenzeit" zu unterscheiden.

Helfen Sie ihm dabei, einen regelmäßigen Stundenplan zu entwickeln, der ihm sagt, wann es Zeit ist, sich zum Schlafen, Spielen oder Ausruhen in seine Hundebox zurückzuziehen. Bringen Sie ihm bei, dass Ihre Nähe zu ihm Behaglichkeit bedeutet, dass es jedoch nicht Ihre Lebensaufgabe ist, ihm ständig Ihre ungeteilte Aufmerksamkeit zu widmen. Wenn Sie Ihren Welpen in seine Box setzen, sagen Sie ein bestimmtes Kommando. Nach einer Weile wird er zu seiner Box laufen, sobald er das Kommando hört.

Unabhängig davon, wie sich Ihr Lebensstil normalerweise gestaltet, wird es immer Gelegenheiten geben, wo Sie einen sicheren und vertrauten Platz für Ihren Hund brauchen. Das Boxentraining bietet die perfekte Lösung für derartige Situationen.

Zusammenfassend gesagt, liegt das Geheimnis eines erfolgreichen Boxentrainings und der Erziehung zur Stubenreinheit in einigen wenigen Schlüsselelementen – Konsequenz, Regelmäßigkeit, Lob, Kontrolle und Aufsicht. Wenn Sie einen normalen und gesunden Welpen Ihr Eigen nennen und sich an diese Regeln halten, werden Sie und er bald das Stadium der „Unfälle" überwunden haben und sich gemeinsam eines erfüllten Lebens voller Spaß erfreuen können.

Disziplin, Belohnung und Bestrafung
Disziplin ist die Erziehung dazu, sich bestimmten Regeln entsprechend zu verhalten und bringt eine gewisse Ordnung ins Leben – das ist so einfach wie es nur sein kann. Ohne Disziplin gewinnt das Chaos die Oberhand, was vor allem auf eine soziale Gemeinschaft zutrifft, die in einem solchen Chaos unweigerlich untergeht. Menschen und Hunde sind soziale Lebewesen und brauchen für eine effektive Funktionsfähigkeit eine gewisse Form von Disziplin. Sie müssen Nahrung heranschaffen, ihr Heim und ihre Nachkommen beschützen und sich zum Zweck der Arterhaltung vermehren. Wenn es im Leben von sozialen Lebewesen keine Disziplin gäbe, würden sie letztendlich verhungern, von stärkeren Konkurrenten umgebracht oder gefressen werden. Im Fall von domestizierten Hunden dient die Disziplin dazu, Ordnung in ihr Leben zu bringen und zu verstehen, welche Regeln in ihrem Rudel (Ihre Familie) herrschen und wie sie sich diesen Regeln entsprechend benehmen müssen.

Ein paar Decken machen aus jedem Käfig eine bequeme Höhle.

> **Aufrecht stehen!**
> Beim Erteilen von Kommandos sollten Sie aufrecht stehen und dadurch Autorität ausstrahlen. Geben Sie keine Kommandos während Sie auf dem Boden oder der Couch liegen oder auf allen Vieren über den Boden kriechen. Ihr Hund wird das eher als Aufforderung zum Spielen ansehen, keinesfalls als ernstgemeinten Befehl.

In einem dicht besiedelten Gebiet wurden kürzlich Untersuchungen durchgeführt, bei denen es um die Zufriedenheit von Hundebesitzern ging. Die Hundehalter, die ihre Hunde trainiert hatten, waren zu 75 Prozent zufriedener mit ihren Hunden als solche, die ihren Hunden keine Ausbildung hatten zukommen lassen. Dr. Edward Thorndike, ein Psychologe, stellte die „Thorndike'sche Theorie des Lernens" auf, die besagt, dass ein in einem positiven Ereignis gipfelndes Verhalten willig wiederholt wird. Ein Verhalten, das ein negatives Ereignis zur Folge hat, wird hingegen nicht wiederholt. Genau darauf basieren die heutigen Trainingsmethoden. Wenn Sie beispielsweise einen Hund dahingehend manipulieren, ein bestimmtes Verhalten zu zeigen und ihn dafür belohnen, wird er es immer wieder tun, denn er wurde belohnt.

Gelegentlich ist eine Bestrafung für ein unakzeptables Verhalten unumgänglich.

Die beste Form der Bestrafung erfolgt oftmals durch eine externe Quelle. Beispielsweise sagen Sie Ihrem Kind, es soll seine Finger vom Herd lassen, da es sich sonst verbrennen wird. Das Kind zeigt keinen Gehorsam und fasst auf die Herdplatte, wobei es sich natürlich die Finger verbrennt. Die Bestrafung folgte auf dem Fuße und zwar durch den Herd – nicht durch Sie. Das Ergebnis ist, dass Ihr Kind gelernt hat, vor der Hitze des Herdes Respekt zu haben und ihn bestimmt nicht wieder anfassen wird. Dies zeigt deutlich, dass ein in einem negativen Ereignis resultierendes Verhalten nicht wiederholt wird, jedenfalls nicht im Normalfall.

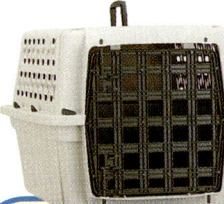

Die Erfolgsmethode

1. Schritt Sagen Sie dem Welpen „Geh in die Box!" und setzen Sie ihn mit einer kleinen Belohnung (beispielsweise einem Stück Käse oder einem Stück vom Hundebisquit) hinein. Lassen Sie ihn fünf Minuten darin und bleiben Sie im selben Raum. Dann lassen Sie ihn heraus und loben ihn überschwänglich. Holen Sie ihn aber keinesfalls heraus, wenn er jammert! Warten Sie so lange, bis er ruhig ist.

2. Schritt Wiederholen Sie Schritt eins mehrmals am Tag.

3. Schritt Am zweiten Tag setzen Sie den Kleinen in seine Box wie am Vortag, lassen ihn aber erst nach zehn Minuten wieder heraus. Wiederholen Sie dies mehrmals.

4. Schritt Steigern Sie die Verweilzeiten in der Box nun jeweils um fünf Minuten, bis der Welpe 30 Minuten ohne Murren in seiner Box bleibt – immer noch in Ihrer Anwesenheit! Vergessen Sie nicht, ihn nach so langem Aufenthalt darin immer sofort zu seinem Löseplatz zu bringen.

5. Schritt Beginnen Sie bei Schritt eins, verlassen Sie jedoch nun den Raum, während der Kleine in der Box ist.

6. Schritt Steigern Sie die Verweilzeit in der Box in Fünf-Minuten-Schritten, bis er 30 Minuten darin bleibt, ohne dass Sie im Zimmer sind. Wenn er dabei sogar einschläft, haben Sie gewonnen – und können ihn unbesorgt einmal länger in der Box lassen.

In sechs Schritten an die Box gewöhnt

Zufallserfolge

Zufallserfolge sind echte Glücksfälle, aber leider häufig recht kurzlebig. Dagegen ist der Erfolg, der sich aufgrund von wohl durchdachten, hundegerechten Trainingsmethoden häufig sogar leichter einstellt, von Dauer. Diese Erfolgsmethode bietet Ihnen als Welpenbesitzer die einfache, aber erprobte Möglichkeit, Ihren Welpen zu einem sauberen Hund zu erziehen, der sich in seiner Umgebung sicher und wohl fühlt.

Wie oft am Tag muss Ihr Hund Gassi gehen?

Alter	täglich
bis 14 Wochen	etwa 10-mal
14 bis 22 Wochen	etwa 8-mal
22 bis 32 Wochen	etwa 6-mal
ausgewachsen	etwa 4-mal

Dies sind natürlich nur Richtwerte, die jedoch keinesfalls unterschritten werden dürfen.

Ein gutes Beispiel für einen Hund, der seine Lektionen durch Ungehorsam lernt, ist der Hund, der die Katze jagt. Es wurde ihm immer gesagt, er solle die Katze in Ruhe lassen, doch er besteht darauf, sie zu ärgern. Dann, eines Tages jagt er die Katze durch die Wohnung, plötzlich dreht sie sich um, holt aus und versetzt ihm mit ihren Krallen einen Hieb auf die Nase, was eine äußerst schmerzhafte Schramme hinterlässt. Da auch der Dümmste aus solchen Fehlern lernt, wird er in Zukunft einen Bogen um die Katze machen.

Das Trainingszubehör

Halsband und Leine

Das Halsband und die Leine, die Sie zum Trainieren Ihres Maltesers benutzen, müssen für Sie einfach zu handhaben, für den Hund nicht zu schwer und absolut sicher sein.

Sicherheit zuerst

Manchmal scheint es, als hätte Ihr Hund nichts Wichtigeres im Sinn als zu fressen, zu schlafen und Ihre Möbel zu zerknabbern. Doch er denkt vor allem an seine Sicherheit. Unsere Begleiter sind die Nachkommen domestizierter Wölfe. Sie haben immer noch das gleiche Rudelverhalten wie ihre frei lebenden Ahnen vor tausenden von Jahren. Ihr Hund möchte sich sicher fühlen, indem er weiß, dass dem Rudel ein starker Rudelführer voransteht. Sie müssen Ihrem Welpen schon sehr früh beweisen, dass Sie dieser Rolle gewachsen sind. Wenn Sie das schaffen, wird Ihnen Ihr Hund auch vertrauen, Ihren Kommandos folgen, ohne sie in Frage zu stellen, und sich sicher sein, dass ihm in Ihrer Gegenwart kein Leid zugefügt wird.

Leckerbissen

Sie sollten beim Training stets einige Leckerbissen bei sich haben. Kleine Stücken, die in der Tasche nicht krümeln, die sich einfach hinunterschlucken lassen, sind am besten geeignet – kleine Käse-, gekochte Hähnchenstücke oder spezielle Kaubelohnungen. Bis der Hund sich hingelegt und einen trockenen, großen oder harten Leckerbissen verspeist hat, hat er bereits wieder vergessen, wofür er eigentlich belohnt wurde. Der Gebrauch von Futterbelohnungen führt nicht dazu, dass der Hund bei Tisch bettelt – dies geschieht nur, wenn er am Tisch Futterhappen vom Teller bekommt. Im Training motiviert der Leckerbissen den Hund, sein Verhalten zu wiederholen.

Das Training beginnt ...
am besten mit einer Frage

Um Ihrem Hund etwas beibringen zu können, müssen Sie zuerst seine Aufmerksamkeit erlangen. Er wird kaum etwas lernen können, wenn er von Ihnen wegschaut und sich seine Gedanken um andere Dinge drehen. Um seine Aufmerksamkeit zu erlangen, fragen Sie „Jan, Training?", gehen umgehend nach der Fragestellung auf ihn zu und geben ihm einen Leckerbissen und loben ihn. Dann warten Sie ein oder zwei Minuten und wiederholen die Übung, jedoch bleiben Sie nun mit dem Leckerbissen in der Hand etwa einen oder zwei Schritte vor dem Hund stehen, halten ihm den Leckerbissen entgegen und stellen erneut Ihre Frage „Jan, Training?" Er wird den Leckerbissen in Ihrer Hand wahrnehmen, wahrscheinlich aufstehen und auf Sie zugehen. Ist er bei Ihnen angekommen,

Wussten Sie schon?

Ihr Hund versteht den Sinn Ihrer Worte nicht, er reagiert auf bestimmte Laute und auf Ihren Tonfall. Getreu dem Motto „Der Ton macht die Musik" hat ein sanftes, fröhliches „Nein!" für ihn eine völlig andere Bedeutung als ein wütend gebrülltes „Nein!". Benutzen Sie nie seinen Namen, wenn Sie mit ihm schimpfen, sondern nur ein kurzes, klares „Nein!"
Dass ein Hund den eigentlichen Sinn eines Wortes nicht versteht, machen sich einige Bühnenunterhalter zunutze: Sie bringen ihrem Hund bei, genau das Gegenteil dessen zu tun, was Sie eigentlich von ihm fordern.

loben Sie ihn und geben ihm den Leckerbissen. Beim dritten Versuch stehen Sie
in einer nicht allzu großen Entfernung zu
Ihrem Hund, halten den Leckerbissen in
der Hand und machen nur wenige
Schritte auf Ihren Hund zu, so dass er den
größten Teil der Strecke zurücklegen
muss, um Sie und den Leckerbissen zu
erreichen und gelobt zu werden.

Jetzt hat Ihr Hund vermutlich bereits
gelernt, Ihnen seine Aufmerksamkeit zu
schenken, besonders wenn Sie ihm die
bestimmte Frage stellen und sich dies
in Form von Leckerbissen und spaßigen
Aktivitäten auszahlt. Er lernt, dass die
Frage in unmittelbarem Zusammenhang mit Spaß, Bewegung, Leckerbissen,
Lob und positiver Aufmerksamkeit Ihrer-
seits steht.

Denken Sie stets daran, dass Ihr Hund
nicht in der Lage ist, das gesprochene
menschliche Wort zu verstehen, sondern
die Worte lediglich am Klang und Ihrem
Tonfall unterscheidet. Ihre Frage stellt für
ihn eine Reihe von Tönen dar, die er als
Signal dafür erkennt, zu Ihnen zu kommen
und Ihnen seine Aufmerksamkeit zu
widmen. Tut er das, erhält er dafür Ihre
Aufmerksamkeit und darüberhinaus Lob
und Leckerbissen.

Grundregeln zur Erziehung

1. Versetzen Sie sich so gut wie möglich in Ihren Hund; versuchen Sie zu
   verstehen, wie er „denkt"!
2. Tadeln Sie ihn nicht, wenn er abgelenkt ist!
3. Erkennen Sie die ganz eigene Persönlichkeit Ihres Hundes und handeln Sie entsprechend!
4. Haben Sie Geduld; seien Sie be-
   harrlich und konsequent!

Die Grundausbildung

Seien Sie offen

Kein Hund ist wie der andere. Was sich
bei der Erziehung des einen Hundes als
erfolgreich herausstellt, bringt bei dem
nächsten vielleicht überhaupt nichts.
Deshalb: Seien Sie flexibel, denken Sie
mit! Testen Sie andere Möglichkeiten.

Das „Sitz"

Nachdem Sie die Aufmerksamkeit Ihres
Hundes auf sich gezogen haben, stellen
Sie sich rechts neben ihn und halten die
Leine in Ihrer rechten, den kleinen Lecker-
bissen in Ihrer linken Hand. Halten Sie
ihre linke Hand so, dass Ihr Hund an dem

Leckerbissen lecken und riechen, ihn aber nicht aus Ihrer Hand nehmen kann. Geben Sie das Kommando „Jan, sitz" und heben sie dabei die linke Hand langsam hoch, so dass Ihr Hund der Hand mit den Augen nach oben folgt. Sobald er den Kopf nach oben reckt, muss er seine Hinterbeine beugen, um sein Gleichgewicht zu halten, was automatisch dazu führt, dass er sich hinsetzt. In diesem Moment überlassen Sie ihm den Leckerbissen und loben ihn über den Grünen Klee – „Guter Hund, Jan, sitz, guter Hund". Das gesprochene Lob sollte stets enthusiastisch klingen und in einer

Bitte Spielen einplanen!

Ihr Welpe muss regelmäßig spielen und laufen. Sein Auslauf kann aus einem kurzen Spaziergang um das Haus oder durch den Garten bestehen; besondere Freude wird ihm bereiten, wenn Sie ihm einen Ball oder einen zusammengeknoteten Socken zuwerfen, dem er nachjagen kann (benutzen Sie während des Zahnwechsels keine zu harten Gegenstände). Wenn Sie im Haus mit ihm spielen, sollte dies, zumindest bis er stubenrein ist, nur in dem für ihn vorgesehenen Bereich geschehen.

Übung macht den Meister!

- Trainieren Sie mehrmals täglich mit Ihrem Hund, je nach Bedarf sind drei bis fünf Übungseinheiten ideal, die jeweils nur einige Minuten dauern.
- Üben Sie nie zu lange, sonst verliert Ihr Hund schnell den Spaß und das Interesse.
- Trainieren Sie nie mit Ihrem Hund, wenn Sie selbst müde, krank oder schlecht gelaunt sind oder irgendwelche Sorgen haben – dies überträgt sich auf ihn und kann seine Arbeitsfreude negativ beeinflussen.

Sie sollten das Training immer mit einer gelungenen Übung abschließen – am besten eine, die Ihr Hund schon beherrscht; loben Sie ihn, und er wird das nächste Training kaum erwarten können.

hohen Tonlage gesprochen werden. Es soll eine Ermunterung sein und den Stolz des Halters über die Leistung widerspiegeln, so dass sich dies auch auf den Hund überträgt.

Sie werden nicht für alle Zeiten Leckerbissen als Lob und Anreiz benutzen. Der Leckerbissen dient nur als unterstützende Maßnahme zum Erlernen neuer Übungen. Wenn Ihr Hund gelernt hat, welche Reaktion von ihm auf welches Kommando hin erwartet wird, beginnen Sie damit, ihn von den Leckerbissen zu entwöhnen und nur noch mündlich zu loben. Schließlich haben Sie Ihre Stimme immer bei sich, wohingegen es häufiger vorkommen wird, dass Sie von Ihrem Hund Gehorsam verlangen, ohne einen

Gewöhnen Sie Ihren Malteser-Welpen an das Tragen seines Halsbandes. Erst wenn er die Grundkommandos beherrscht können Sie diese auch ohne Leine in einem eingzäunten Bereich trainieren.

Konsequenz zahlt sich aus

Hunde brauchen einen festen Fütterungs- und Trainingsplan, regelmäßige Spaziergänge und einheitliche Kommandos. Wenn Sie am Montag sagen „Bleib" und am Dienstag „Bleib bitte hier", wird das Ihren Hund nur verwirren. Erwarten Sie kein perfektes Verhalten während der Übungsstunden, wenn Sie ihn dann den Rest des Tages wild durch die Wohnung rasen lassen. Loben Sie Ihren Hund über alle Maßen, wenn er etwas richtig macht. Je mehr er merkt, dass er Ihnen Freude bereitet, desto bereitwilliger lernt er auch.

Leckerbissen zur Hand zu haben.

Das „Platz"

Ihrem Hund das „Platz"-Kommando beizubringen ist einfach, wenn Sie wissen, wie sich ein Hund hinlegt – wenn Sie das nicht wissen, ist es umso schwerer. Für Hunde stellt das Hinlegen auch eine Untergebenheitsgeste dar, so dass der Versuch, Ihrem Hund das „Platz" mit zu viel Nachdruck beizubringen dazu führen wird, dass er eine solche Angstpsychose entwickelt, dass er, wann immer das Kommando „Platz" gegeben wird, davonläuft oder die Person, die ihn hinunterdrücken will, beißt.

Zunächst lassen Sie Ihren Hund links neben sich sitzen, so dass er in die selbe Richtung schaut wie Sie. Sie halten die Leine in ihrer linken Hand und den Leckerbissen in Ihrer rechten, also genau umgekehrt als beim „Sitz". Nun legen Sie ihre linke Hand sachte auf die Schultern des Hundes, genau dort, wo die Schulterblätter über der Wirbelsäule zusammenkommen. Dabei üben Sie jedoch keinen Druck aus, als wollten Sie den Hund nach unten drücken, sondern lassen die Hand lediglich dort liegen. Auf diese Weise können Sie ihn beim Hinlegen führen, damit er so dicht wie möglich neben ihrem linken Bein bleibt und sich nicht zur anderen Seite fallen lässt.

Nun halten Sie ihm den Leckerbissen unter die Nase, sagen mit fester aber leiser Stimme „Jan, platz!" und führen dabei Ihre Hand samt dem Leckerbissen langsam nach unten zu seinen Vorderpfoten hin. Wenn Ihre Hand den Boden erreicht, bewegen Sie sie langsam vor dem Hund auf dem Boden nach vorne vom Hund weg. Dabei wiederholen Sie das Kommando wieder und immer wieder. Ihre Stimme ermutigt den Hund, der nun versucht Ihrer Hand zu folgen, um den Leckerbissen zu ergattern. Dabei beugt er sich immer weiter nach unten, knickt schließlich die Vorderbeine ein, und sobald seine Ellenbogen den Boden berühren, geben Sie ihm den Leckerbissen und loben mit enthusiastischer, aber sanfter Stimme – „Guter Hund, Jan, platz, guter Hund".

Versuchen Sie, Ihren Hund für einige Sekunden durch sanftes Rückenstreicheln in der Platz-Position zu halten, bevor Sie ihn aufstehen und ins Sitz übergehen lassen. Das Ziel dieser Übung ist es zu erreichen, dass sich der Hund in dieser Stellung entspannt und nicht bedroht fühlt.

Das „Bleib"

Es ist einfach, einen Hund dahin zu bringen, dass er aus dem „Sitz" oder „Platz" nicht selbständig wieder aufsteht. Auch hier wird wieder ein Leckerbissen benutzt und während des Lernens gelobt, um dem Hund verständlich zu machen, was von ihm verlangt wird.

Wussten Sie schon?

Ein instinktsicherer Hund legt sich in einer Gefahrensituation nie hin. Er bleibt wachsam auf seinen Zehenspitzen stehen, damit er zur Flucht oder Verteidigung bereit ist. Deswegen macht kein Hund während der Ausbildung „Platz", wenn er sich bedroht fühlt oder verängstigt ist. Bei dieser Übung ist eine entspannte Atmosphäre besonders wichtig.

Angst und Aggression

Welpen, die mit körperlicher Gewalt erzogen werden, sind als erwachsene Hunde oftmals verhaltensauffällig. Ein häufiges Problem ist Angst, die in Aggression endet. Der Hund wird wütend, fletscht seine Zähne, knurrt und beißt schließlich denjenigen, von dem er sich bedroht fühlt. Angenommen Ihre Tochter spielt eines Nachmittags mit dem Hund. Während sie spielen, drängt sie den Hund in eine Ecke, und als sie versucht den Hund zu streicheln, beißt er in ihre Hand. Hat Ihre Tochter den Hund jemals zuvor geschlagen? Hat jemand, der Ihrer Tochter ähnlich sieht, jemals den Hund angeschrien oder geschlagen? Wahrscheinlich nicht, denn der Hund hat sich nur aus einer – in seiner Sicht – Notsituation befreit. Im ungünstigsten Fall behält der Hund Ihre Tochter in schlechter Erinnerung und knurrt sie auch künftig an. Glücklicherweise ist diese Art der Aggression recht leicht zu korrigieren. Bringen Sie Ihre Tochter nur in angenehmen Momenten mit dem Hund zusammen. Lassen Sie sie den Hund füttern und streicheln. Sie sollte den Hund nicht kommandieren oder bestrafen. Falls der Hund sie immer noch anknurrt oder sich abduckt, sollte jemand die Beiden begleiten. Im Laufe einer Woche sollte der Hund so viele gute Erfahrungen mit Ihrer Tochter gemacht haben, dass er wieder Vertrauen zu ihr fasst.

Um Ihrem Hund das „Sitz und Bleib" beizubringen, beginnen Sie damit, dass der Hund links neben Ihnen sitzt und Sie die Leine in der linken sowie den Leckerbissen in der rechten Hand halten. Nun halten Sie ihm die rechte Hand mit dem Leckerbissen vor die Nase, sagen mit sanfter Stimme „Bleib" und machen einen Schritt nach vorne, wobei Sie sich nach links drehen, so dass Sie Ihrem Hund direkt gegenüberstehen und lassen ihn an dem Leckerbissen schnüffeln und knabbern. Achten Sie dabei darauf, dass der Kopf Ihres Hundes weiterhin nach oben gerichtet ist, damit er auch in der „Sitz"-Position bleibt. Zählen Sie bis Fünf, drehen Sie sich danach mit einem Rückwärtsschritt zurück, so dass Sie wieder wie zuvor neben Ihrem Hund stehen. Sobald Sie Ihre Ausgangsposition erreicht haben, geben Sie ihm den Rest des Leckerbissens und loben ihn ausgiebig.

Für das „Platz und Bleib" bringen Sie Ihren Hund zuerst wie vorher beschrieben in die „Platz"-Position. Sobald der Hund links neben Ihrem linken Bein liegt, halten Sie ihm den Leckerbissen hin, sagen „Bleib", machen mit dem rechten Bein

einen Schritt vorwärts, drehen sich wie beim „Sitz und Bleib" nach links und stellen sich somit direkt vor den Hund. Sie zählen wieder bis Fünf und begeben sich dann wiederum zurück in Ihre Ausgangsposition neben Ihren Hund. Dann geben Sie ihm den Leckerbissen und loben ihn.

Nach Ablauf von einer Woche oder zehn Tagen können Sie bei diesen beiden Übungen einen kleinen Abstand zwischen sich und dem Hund halten, jedoch nur, wenn Sie vor ihm stehen (also einen etwas größeren Schritt nach vorne machen) und wenn Sie die Übungen bis zu diesem

Zeitpunkt regelmäßig jeden Tag und mehrmals täglich wiederholt haben und Ihr Hund inzwischen problemlos auf die Befehle reagiert. Wenn Sie sich in einem Abstand zu Ihrem Hund befinden, unterstützen Sie das Kommando „Bleib" mit einem Handsignal, indem Sie ihm die offene Handfläche entgegenhalten, so wie ein Verkehrspolizist einem Autofahrer anzeigt, dass er stehen bleiben soll. Den Leckerbissen halten Sie in ihrer rechten Hand, jedoch berührt diese nun nicht mehr die Nase des Hundes. Er wird die Hand mit der Leckerei beobachten und schnell lernen, dass er diesen erhält, sobald Sie zu Ihrer Ausgangsposition neben ihm zurückgekehrt sind.

Wenn Sie für die Dauer von 30 Sekunden in einem Abstand von einem Meter von Ihrem Hund entfernt stehen können, ohne dass er aufsteht und auf Sie zuläuft, können Sie den Abstand und die Dauer beider Übungen verlängern. Letztendlich wird Ihr Hund solange in einer dieser beiden Positionen verweilen, bis Sie zu ihm zurückkehren oder ihn zu sich rufen. Und vergessen Sie niemals das Lob für eine gute Leistung.

Eine helfende Pfote

Vielleicht ist Ihr Hund nicht die nächste Lassie, aber jeder Hund kann ein paar Tricks lernen. Lernen Sie sein Talent kennen und fördern Sie es. Ist Ihr Hund immer fröhlich? Bringen Sie ihm auf Kommando bei mit dem Schwanz zu wedeln und Ihnen die Pfote zu geben! Echten Haushunden können Sie beibringen, die Zeitung zu holen oder die Schmutzwäsche zur Waschmaschine zu tragen.

Bring es her!

Spielen Sie mit Ihrem Welpen in einem abgeschlossenen Bereich das „Hol- und Bringspiel", so lernt er, sein Spielzeug zu holen und zu Ihnen zu bringen. Verwenden Sie zu diesem Zweck nur dafür geeignetes Spielzeug, also niemals einen Schuh, eine Socke oder andere Gegenstände, die den Hund irritieren und die er dann als Spielzeug ansieht.

Das „Komm"

Wenn Sie das Training des „Komm"-Kommandos zu einer erfreulichen Erfahrung für Ihren Hund machen, werden Sie es kaum erleben, dass er dieses Kommando nicht mag oder nicht darauf reagiert. Das Erfolgsgeheimnis liegt hier scheinbar darin, dass Sie dem Hund weniger ein gesprochenes Kommando und dafür eher eine Art Spiel beibringen.

In der Praxis ruft ein Hundehalter seinen Hund meistens dann zu sich, wenn dieser etwas angestellt hat. Folglich ist der Halter, der seinen Hund in einer solchen Situation ruft, nicht gerade bester Laune oder sogar bereits ausgesprochen verärgert, was sich in seinem Tonfall und seiner Körperhaltung niederschlägt und somit deutlich für den Hund zu erkennen ist. Dieser erhält so das bestimmte Gefühl, dass der Ruf seines Herrn nichts Gutes verspricht, weshalb er den Gehorsam verweigert oder sogar in entgegengesetzter Richtung davonläuft. Der „Komm"-Befehl ist jedoch ein sehr wichtiger und sollte deshalb in jeder Situation befolgt werden, weshalb wir es dem

Komm ... lieber nicht

Rufen Sie Ihren Hund niemals mit dem Kommando „Komm", wenn Sie ihn bestrafen wollen. Das ist der schnellste Weg, aus dem erlernten „Komm"-Kommando ein „Lauf schnell weg" zu machen. Der Hund wird die erfolgte Bestrafung mit dem Befehl „Komm" in Verbindung bringen, nicht mit seiner begangenen Missetat.

Hund in Form eines Spiels beibringen und stets darauf achten, dass die Tonlage sowie die Körperhaltung bei diesem Kommando freundlich und lockend sind. Einer der einfachsten Wege zum Trainieren des „Komm"-Kommandos ist der, wenn sich mehrere Familienmitglieder mit jeweils einem Leckerbissen bewaffnet in verschiedene Zimmer begeben oder sich an unterschiedlichen Stellen im Garten plazieren. Nun ruft einer nach dem anderen den Hund zum „Komm" und belohnt dessen Gehorsam mit einem Leckerbissen und vielen lobenden Worten. Das Spiel läuft also darauf hinaus, dass der Hund die ihn rufende Person durch Lokalisieren der Stimme finden muss, und wenn er das Spiel gewinnt, dafür ausgiebig belohnt wird. Nach nur kurzer Zeit wird Ihr Hund gelernt haben, dass wer immer dieses Spiel mit ihm spielt, eine Belohnung für ihn bereithält und er stets als Sieger aus dem Spiel hervorgeht. Er wird dieses Kommandospiel folglich lieben und sofort von wo auch immer angelaufen kommen, sobald er den Ruf „Jan, wo bist Du" vernimmt.

Da es in den meisten Fällen ausgesprochen schwierig ist, den Hundehaltern klar zu machen, dass sie dieses extrem wichtige Kommando nicht zum Zweck einer Bestrafung einsetzen dürfen – in der Regel wird dann daraus „Kommst Du sofort hierher" oder „Wirst Du wohl sofort hierher kommen" – haben es sich viele Hundetrainer zur Angewohnheit gemacht, den Befehl „Komm" (da es so ein gebräuchlicher Wort ist) beispielsweise durch die Frage „Jan, wo bist Du?" zu ersetzen. Auch wenn dabei das eigentliche Kommando „Komm" nicht verwendet wird, wird dennoch das gewünschte Trainingsziel erreicht, denn wenn immer jemand ruft „Wo bist Du" wird der Hund reagieren und freudig auf diese Person zulaufen. Ich kenne da beispielsweise eine Dame, die einen zwölf Jahre alten erblindeten Hund besitzt, der sein Frauchen jederzeit und überall findet, sobald er ihre Stimme und die Frage „Wo bist Du?" vernimmt.

Den meisten Spaß bereiten ihm diese „Komm-und-such-mich-Spiel", wenn Kinder daran beteiligt sind, denn sie

Komm!

Auch wenn Sie Ihren Hund rufen , verwenden Sie immer das gleiche Kommando. Solange sich Ihr Hund auf der Suche nach Ihnen befindet, können Sie im lockenden Ton mit ihm sprechen. Wiederholen Sie das Kommando, so dass sich der Hund an den Klang dieses Befehls gewöhnt und ihn auch in Zukunft befolgt. Kurze, ein- oder zweisilbige Kommandos lernt Ihr Hund schneller als lange.

können sich an Orten verstecken, die Erwachsenen aufgrund ihrer Größe nicht zugänglich sind. Das macht das Ganze für den Hund zwar etwas schwieriger, dafür aber auch umso interessanter.

Das „Fuß"

„Fuß" heißt, dass der Hund links neben seinem Halter herläuft, ohne dabei in welche Richtung auch immer wegzuziehen. Er bewegt sich stattdessen stets dicht neben dem linken Bein seines Halters, wobei er sich nie weiter als eine Kopflänge vor dem Bein befinden sollte. Diese Übung erfordert vom Halter Zeit und Geduld, denn er muss dem Hund beibringen, dass er mit seiner Leistung erst dann zufrieden ist, wenn er ruhig und in gleichmäßigem Tempo (das der

Halter angibt, nicht umgekehrt) neben ihm herläuft. Das Vor-dem-Halter-Herlaufen oder Zurückbleiben ist genau wie ein seitliches Wegziehen vom Halter generell unakzeptabel.

Sie beginnen zu dieses Training damit, dass Ihr Hund neben Ihrem linken Bein sitzt. Sie halten die Leine in der rechten Hand, wobei darauf zu achten ist, dass sie nicht straff gehalten wird, sondern in einem leichten Bogen locker durchhängt. Ihre freie linke Hand dient der Korrektur, wenn Ihr Hund nach vorne zieht oder zurückbleibt. In diesem Fall greifen Sie den losen Teil der Leine mit ihrer linken Hand und rucken kurz aber kräftig daran, um ihn dadurch zurück in die „Fuß"-Position zu bringen. Sobald er wieder in der gewünschten Position

Ihr Malteser muss lernen. auf Zuruf zu Ihnen zu kommen. Am besten gelingt dies, wenn er nicht nur auf ein Kommado gehorcht, sondern voller Freude zu Ihnen gelaufen kommt!

ist, nehmen Sie Ihre linke Hand von der Leine, so dass sie wieder lose durchhängt.

Nun geben Sie das Kommando „Jan, Fuß" und laufen los. Den ersten Schritt macht das linke Bein. Nach drei Schritten bleiben Sie stehen und lassen den Hund links neben sich sitzen. Loben Sie ausgiebig aber ohne ihn dabei anzufassen. Verharren Sie einen Moment, geben dann erneut das „Fuß"-Kommando, machen drei Schritte vorwärts, bleiben dann wieder stehen und bringen Ihren Hund zum „Sitz". Das Ziel ist, dass Ihr Hund diese drei Schritte dicht an Ihrer Seite mitläuft, ohne dabei zu ziehen oder zurückzubleiben.

Haben Sie dieses Ziel erreicht, verlängern Sie auf fünf Schritte. Nachdem Ihr Hund diese Übung auch bei fünf Schritten richtig ausführt, verlängern Sie die Laufdistanz auf zehn Schritte. Auf diese Weise trainieren Sie weiter und verlängern dabei immer wieder die Strecke, bis Ihr Hund ohne zwischenzeitliches Ziehen oder Stehenbleiben brav neben Ihnen herläuft, so lange Sie das von ihm verlangen. Wann immer Sie stehen bleiben, muss sich Ihr Hund neben Sie hinsetzen. Wenn Sie das Training beenden, loben sie ihn ausgiebig, verabreichen ein paar Streicheleinheiten und sagen „Guter Hund, Schluss für heute". Damit geben Sie ihm zu verstehen, dass das Training abgeschlossen und nun Zeit zum Ausruhen ist.

Wenn Sie es mit einem Hund zu tun haben, der Sie fortwährend durch die Gegend zerrt, ziehen Sie die „Notbremse", setzen sich mit Nachdruck durch und bleiben konsequent, bis Ihr Hund begreift, dass Sie und er nirgendwo hingehen werden, bis er den ihm zugewiesenen Platz und Ihr Lauftempo akzeptiert hat. Es kann Sie einiges an Zeit und Nerven kosten, bis Sie dem Hund begreiflich gemacht haben, dass Sie auch hierbei der Boss sind, der entscheidet, in welche Richtung und wie schnell oder langsam gelaufen wird.

Wann immer sich Ihr Hund in der richtigen „Fuß"-Position befindet und die Leine locker durchhängt, loben sie ihn mit leiser Stimme, ohne ihn jedoch dabei anzufassen. In nur wenigen Tagen wird Ihr Hund begreifen, dass auch das ruhige Nebenherlaufen ohne zu ziehen, wenn auch nur mit Worten, belohnt wird. Am Anfang sollte das Training kurz und in jedem Fall positiv gestaltet werden. Schon bald wird Ihr Hund auch auf längeren Strecken brav neben Ihnen herlaufen. Nach jeder Trainingslektion sollten Sie dem Hund die Möglichkeit zum Herumrennen und Spielen geben, damit er sich von der Arbeit entspannen kann.

Fuß!

Bevor Sie das Kommando „Fuß" mit Ihrem Hund ohne Leine üben, seien Sie sich zuerst sicher, dass er es mit Leine perfekt befolgt. Die ersten Versuche ohne Leine sollten Sie auf jeden Fall in einem eingezäunten Gebiet machen, falls Ihr Hund doch weglaufen will.

Die Entwöhnung der Leckerbissen

Die immer wieder erwähnten Leckerbissen als Belohnung beim Training dienen dazu, dem Hund das Erlernen neuer Übungen schmackhaft zu machen. Wenn er allerdings den Punkt erreicht hat, an dem er das gesprochene Kommando versteht und auch richtig umsetzt, ist es Zeit, ihn von den Leckerchen zu entwöhnen. Das geschieht am besten dadurch, dass nun nicht mehr nach jeder Einzelübung, sondern nur noch nach jeder zweiten ein Leckerbissen gereicht wird. Wechseln Sie dann Belobigungen in Form von Futter mit mündlichen in einem unregelmäßigen Rhythmus ab, so dass Ihr Hund niemals wissen kann, welche Leistung mit Futter und lobenden Worten und welche nur mit Worten belohnt wird. Da er nun bei jeder Übung die Chance sieht, wieder einen Leckerbissen zu erhalten, wird seine Leistung auch weiterhin gleichbleibend sein, denn er wird die Hoffnung nicht aufgeben. Nachdem Sie diese Methode eine Weile beibehalten haben, geben Sie ihm nur noch am Ende einer Trainingsstunde ein Leckerchen, und eine Weile später erhält er diese Form von Belobigung nur noch für besondere Leistungen oder für das Erlernen neuer Befehle. In jedem Fall aber dürfen Sie das mündliche Lob niemals vergessen.

Andere Aktivitäten

Ob ein Hund nun in dem strukturierten Umfeld einer Hundeschulklasse oder alleine vom Halter zu Hause trainiert wird, es gibt so viele Aktivitäten, die Halter und Hund sehr viel Spaß und Freude bereiten können, sobald beide das Anfän-

Lust auf Seilziehen?

Wenn Sie das „Fuß"-Training mit langen Spaziergängen beginnen und Ihrem Hund erlauben, ständig an der Leine zu ziehen, wird er dies als normal ansehen. Wenn Sie ständig an der Leine ziehen, um ihn zu korrigieren, wird er das als Ansporn nehmen, um noch kräftiger dagegenzuhalten.

gerstadium hinter sich und die Grundübungen bis zur Perfektion erlernt haben. Wenn Sie daran interessiert sind, mit Ihrem Malteser an organisierten Wettbewerben teilzunehmen, gibt es auch hier neben solchen im Gehorsam noch viele andere Möglichkeiten, denen Sie sich mit ihrem Hund widmen können. Das Agility-Training ist beispielsweise eine beliebte Hundesportart, bei der sich die Hunde durch einen Parcours arbeiten müssen, der verschiedene zu überspringende Hürden, das Kriechen durch Tunnel und andere zu überwindende Hindernisse einschließt, um die Schnelligkeit und das Koordinationsvermögen der Hunde zu trainieren. Oftmals rennen die

Familienbande

Der regelmäßige Kontakt zu Ihren Haustieren oder den Haustieren von Freunden prägt das Verhalten Ihres Hundes gegenüber fremden Tieren schon im Welpenalter entscheidend. Ihre Art, sich diesen Tieren zu nähern, wird auch sein Verhalten bestimmen – jetzt und vielleicht auch später.

Trainings-Tipp

Wenn Sie mit Ihrem Hund an der Leine laufen und er plötzlich vor Ihnen stehen bleibt und Ihnen in die Augen sieht, reagieren Sie gar nicht darauf, sondern Sie laufen einfach weiter.

Halter dabei neben ihren Hunden her, um sie durch den Parcours zu führen und ihnen Kommandos erteilen zu können. Obwohl es auch in dieser Disziplin Wettbewerbe gibt, liegt der Schwerpunkt dieser Sportart im Spaß an der Aktivität – es macht Spaß, es zu tun, es macht Spaß, dabei zuzusehen und darüberhinaus verschafft dieses Training dem Hund viel der so wichtigen Bewegung.

Wie Sie den Verwöhnten entwöhnen

Wenn Sie Ihren Hund erzogen haben, indem er für jedes befolgte Kommando ein Leckerli bekommen hat, könnte er sich dafür entscheiden, ohne Leckerli gar nichts mehr zu machen. Um dies zu verhindern, sollten Sie Ihren Hund nicht mehr nach jedem befolgten Kommando belohnen, sondern nur ab und zu einmal, so dass er auch keine Regelmäßigkeit feststellen kann. Sie werden außerdem feststellen, dass er das „Sitz", „Platz", „Bleib" oder „Komm" auch dann gerne befolgt, wenn er nicht unbedingt mit einem Leckerli, sondern mit Ihrer Freude und einem kleinen Spiel belohnt wird. Außerdem können Sie Ihren Hund immer loben, ein Leckerli haben Sie hingegen nicht immer dabei!

Hundeschulen

Vielleicht ist es die beste Investition Ihres Lebens, wenn Sie mit Ihrem Hund eine Hundeschule besuchen. Die Vorteile eines gut erzogenen Hundes können Sie sein ganzes Leben lang genießen und Sie treffen zudem gleichgesinnte Menschen und vielleicht neue Freunde.

Anfänger-Wettbewerbe

Manchmal gelingt es einigen Hundebesitzern mit ihren Hunden Titel zu gewinnen, obwohl sie nie in einem Club trainiert haben, sondern wichtige Übungen mit ihrem Hund ganz allein durchgeführt haben. Meist klappt dies aber nur bei Anfänger-Wettbewerben, da für eine weitere Ausbildung meist umfangreichere Trainingsgeräte notwendig sind und Ihnen ein ausgebildeter Trainer zur Seite stehen sollte, der Ihnen und Ihrem Hund Hilfestellung bei den schwierigeren Übungen geben kann.

Erziehungskurse

Die Ausbildung in einem Grundkurs dauert gewöhnlich sechs bis acht Wochen. Hund und Halter nehmen einmal wöchentlich an einem einstündigen Unterricht teil. Die dort erlernten Lektionen werden mehrmals täglich für jeweils einige Minuten zu Hause wiederholt. Mit etwas Geduld und Einsatz führt dies zu einem wohlerzogenen Hund und einem stolzen Halter, der das Leben mit seinem gehorsamen und treuen Hund genießt.

Wenn Sie mit Ihrem Malteser an einer Ausstellung teilnehmen wollen, besuchen Sie vorher ein Ringtraining, wo Sie alle wichtigen Regeln einer Ausstellung lernen können.

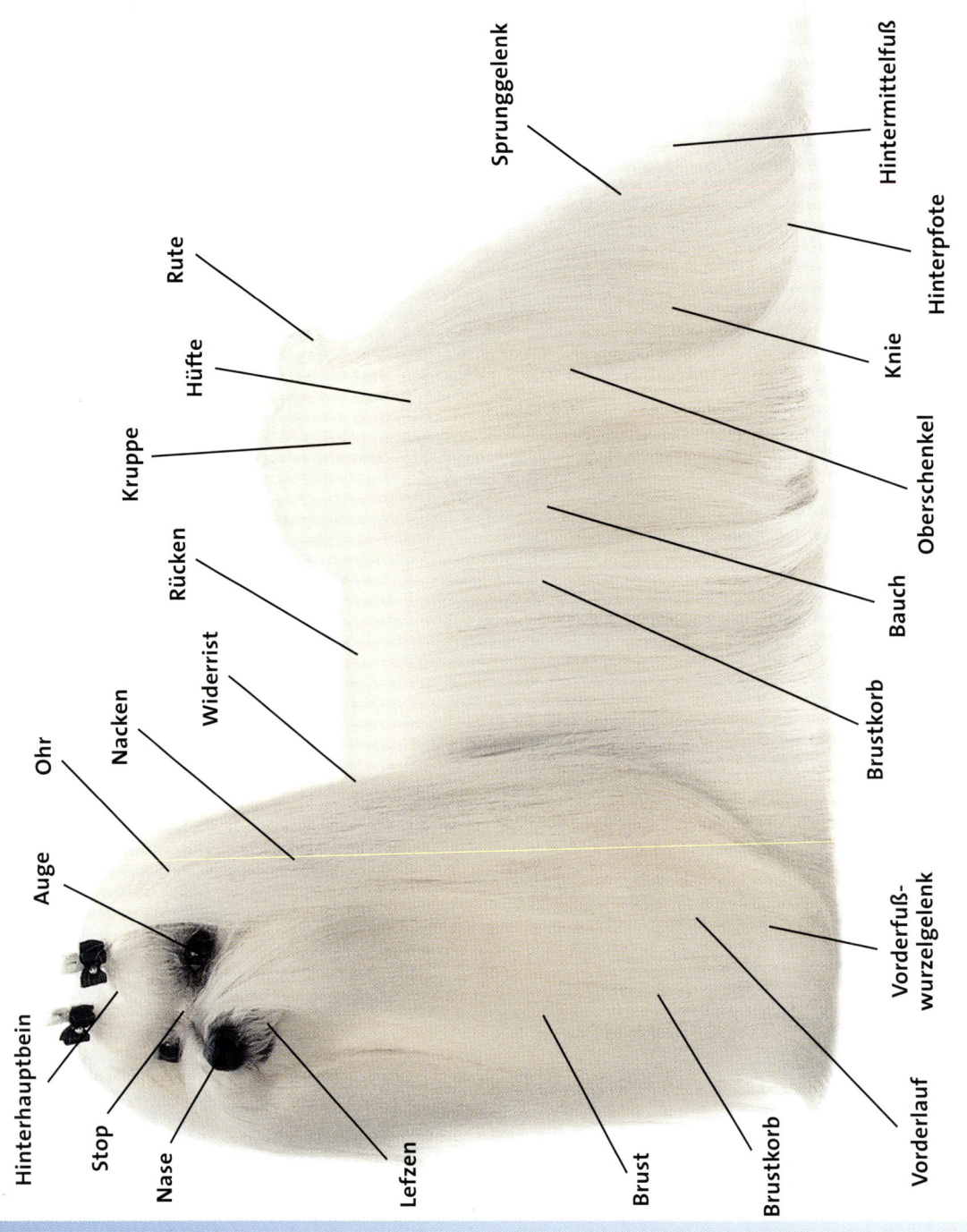

Sprunggelenk

Hintermittelfuß

Hinterpfote

Rute

Knie

Hüfte

Oberschenkel

Kruppe

Bauch

Rücken

Brustkorb

Widerrist

Nacken

Ohr

Auge

Vorderfuß-
wurzelgelenk

Hinterhauptbein

Stop

Nase

Lefzen

Brust

Brustkorb

Vorderlauf

Der Körperbau des Maltesers

Die Gesundheit Ihres Maltesers

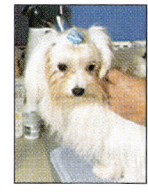

Hunde leiden unter vielen Erkrankungen, von denen auch Menschen befallen werden. Sie teilen sogar viele psychologische Probleme mit uns. Da die meisten von uns gewöhnlich mehr über Erkrankungen wissen, die bei Menschen auftreten, als über die von Hunden, werden in diesem Kapitel anstelle der korrekten veterinärmedizinischen Fachbegriffe vielfach die bekannteren Begriffe aus der Humanmedizin verwendet. So benutzen wir auch den umgangssprachlichen Begriff „Röntgenuntersuchung" anstelle des Fachausdrucks „Radiographie". Es wird nach wie vor von Symptomen die Rede sein, auch wenn Hunde eigentlich keine Symptome haben, sondern klinische Anzeichen erkennen lassen. Symptome sind die verbale Beschreibung der Empfindungen eines Patienten. Da Hunde nicht reden können, müssen wir uns auf klinische Anzeichen beschränken.

Allgemein sagt man, dass Medizin praktiziert wird. Dieser Begriff ist absichtlich so gewählt, denn die Medizin verändert sich ständig, je mehr wir über die Genetik, elektronische Hilfsmittel zur Diagnostik und die verschiedenen Behandlungsmöglichkeiten lernen. Es gibt viele Hundekrankheiten, die nicht in jedem Fall in der gleichen Form behandelt werden. Einige Tierärzte raten in bestimmten Fällen schneller zu einer Operation als andere. Auch werden nicht immer die gleichen Medikamente verschrieben.

Ein qualifizierter Tierarzt kann Ihrem Malteser genau die Gesundheitspflege angedeihen lassen, die er braucht.

Die richtige Wahl des Tierarztes

Für Ihren Tierarzt sollten Sie sich nicht nur entscheiden, weil er ein sympathischer Mensch ist; wesentlich wichtiger ist seine Erreichbarkeit und sein Fachwissen. Rechnen Sie immer damit, dass ein Notfall eintritt oder dass Ihr Hund aufgrund einer längerwierigen Erkrankung dem Tierarzt häufiger vorgestellt werden muss. Auch sollten seine Sprechzeiten akzeptabel und Termine nach Absprache möglich sein. Es gibt kaum etwas Frustrierenderes als einen ganzen Tag lang auf einen Termin oder den Besuch des Tierarztes warten zu müssen.

Sie sollten einen Tierarzt aufsuchen, der sich idealerweise sehr gut mit Kleinhunden auskennt, denn wenn diese kleinen Hunde einmal ernsthaft krank werden, haben sie oftmals keine großen

Woran Sie erkennen, dass Ihr Hund krank ist

Im Gegensatz zu kranken Kindern mit Bauchschmerzen können uns Hunde nicht sagen, wenn sie krank sind oder was ihnen weh tut. Es gibt aber eine Reihe Anzeichen dafür, ob Ihr Hund krank oder gesund ist, auf die Sie achten müssen.

Achten Sie auf körperliche Veränderungen, wie beispielsweise

- ungewöhnlicher, schlechter Körpergeruch, einschließlich Mundgeruch
- starker Haarverlust
- starkes Ohrenschmalz, chronische Ohrenprobleme
- öliges, schuppiges, stumpfes Fell
- schleimiger, tränender oder ähnlicher Ausfluss in den Augen
- Floh- oder Milbenbefall
- schleimiger Stuhlgang, Durchfall
- Schmerzempfindlichkeit beim Streicheln
- ständiges Pfotenlecken und Kratzen

Achten Sie auf Veränderungen im Verhalten, wie beispielsweise

- Lethargie, Trägheit
- Ungeduld und generell schnelle Reizbarkeit
- Appetitlosigkeit und Verdauungsstörungen
- Angstzustände (viele Menschen, laute Geräusche u. a.)
- merkwürdiges Verhalten, Misstrauen
- Koprophagie (Kotfressen)
- häufigeres Bellen und Winseln

Schnell wieder gesund werden

Sie brauchen keinen Doktortitel und müssen auch keine Wunder vollbringen, um Ihrem kranken Hund zu helfen, aber Sie müssen auf ein paar Dinge achten, die einen gesunden Hund normalerweise nicht stören würden. Die folgenden Tipps werden Ihrem Hund helfen, schnell wieder auf seinen eigenen Pfoten zu stehen.

- Halten Sie seinen Platz frei von irritierenden Düften wie Raumsprays oder schweren Parfums.

- Ruhe ist die beste Medizin! Vermeiden Sie grelles Licht, das ihn beim Schlafen stört, und dunkeln Sie seinen Schlafplatz sowohl tagsüber als auch abends ab.

- Halten Sie die Lautstärke gedämpft. Hunde reagieren auf Geräusche empfindlicher, wenn sie krank sind.

- Achten Sie darauf, welche Temperatur die richtige für Ihren Hund ist. Ein Hund mit Fieber braucht es eher kühler, und auch sein Trinkwasser sollte kalt sein. Eine Hündin, die geworfen hat oder sich von einer Operation erholt, bevorzugt einen warmen Raum und wärmeres Wasser.

- Genau wie Sie Ihr krankes Kind nicht in die Schule schicken würden, dürfen Sie von Ihrem Hund auch nicht zu viel erwarten, bevor er sich nicht vollständig erholt hat.

Reserven und die Krankheit verschlimmert sich schnell. Für eine zweite Diagnose bleibt dann wenig Zeit!

Jeder niedergelassene Tierarzt hat sein Studium mit einem anerkannten Examen abgeschlossen und erfüllt die Voraussetzungen zum Führen einer eigenen Praxis. Viele von ihnen haben sich zudem durch Aufbaustudien oder Lehrgänge auf bestimmte Bereiche spezialisiert; so gibt es auch unter den Veterinären Fachärzte für Herzerkrankungen (tierärztliche Kardiologen), Hauterkrankungen (tierärztliche Dermatologen), Zahn- und Kiefererkrankungen (tierärztliche Dentisten), Augenerkrankungen (tierärztliche Ophthalmologen), Röntgendiagnose (tierärztliche Radiologen) und solche, die sich besonders mit Knochen-, Muskel- oder Organkrankheiten befassen. Alle Tierärzte sollten die häufig erforderlichen Routinebehandlungen wie zum Beispiel die Versorgung von Wunden und selbstver- ständlich Impfungen durchführen; wenn Ihr Hund ernsthaft erkrankt und sein Zustand es erlaubt, ist es Ihr gutes Recht, einen Spezialisten zu Rate zu ziehen. Vielleicht stellen Sie bei der Gelegenheit ja auch Unterschiede bei der Höhe des Tierarzthonorars fest. Die Leistungen eines Tier-

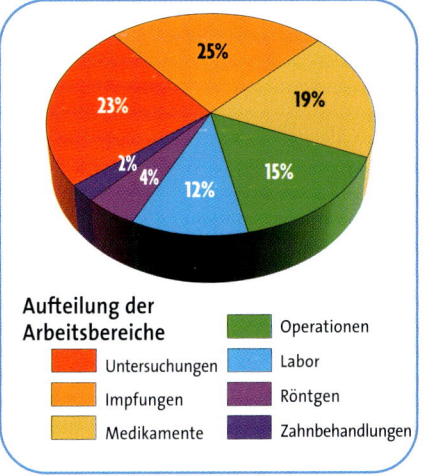

Aufteilung der Arbeitsbereiche

- Untersuchungen
- Impfungen
- Medikamente
- Operationen
- Labor
- Röntgen
- Zahnbehandlungen

Eine Statistik über die Arbeitsbereiche englischer Tierärzte entsprechend der Dienstleistungen. Diese Umfrage wurde in Kleintierpraxen (nur Haustiere) durchgeführt.

arztes, insbesondere bei hoch spezialisierten Behandlungen, haben ihren Preis, aber auch hier lohnt sich ein Vergleich. Haben Sie deshalb keine Hemmungen, die möglichen Kosten mit dem Tierarzt zu besprechen, obwohl natürlich die beste Behandlung Ihres Hundes grundsätzlich allerhöchste Priorität haben muss.

Vorbeugende Maßnahmen

Der Entwicklung von Erkrankungen und gesundheitlichen Problemen vorzubeugen, ist in jedem Fall einfacher, billiger und effektiver, als sich mit deren Heilung befassen zu müssen.

Welpen aus guten VDH-Zuchten stammen von Elterntieren ab, die neben ihrem Wesen und ihrem Aussehen auch auf der Grundlage ihres genetischen Gesundheitsprofils für die Zucht ausgewählt wurden. Ihre Mütter wurden geimpft, waren frei von jeglichen inneren und äußeren Parasitenbefällen und

Kastration

Eine Kastration ist oftmals ratsam. Bei Rüden beispielsweise dann, wenn eine Hypersexualität vorliegt. Hündinnen werden meist kastriert, wenn sie ausgeprägt scheinträchtig werden – oder auch, um Hund und Halter die Strapazen der Läufigkeit zu ersparen.

Die Analbeutel

Haben Sie Ihren Hund einmal dabei beobachtet, wie er mit seinem Hintern auf dem Boden „Schlitten" gefahren ist? Wenn ja, sind wahrscheinlich seine Analbeutel entzündet. Die Analbeutel sind kleine Taschen an beiden Seiten des Afters – unter der Haut und den Muskeln.

Sie haben etwa die Größe einer Traube und produzieren ein übel riechendes Sekret. Ihr Inhalt leert sich normalerweise mit den Darmbewegungen. Wenn sie sich aber nicht leeren, stoßen Sie aneinander, was Ihrem Hund große Schmerzen bereitet. Ihr Tierarzt kann die Beutel mit einem einfachen Handgriff leeren. Ihr Hund leert seine Analbeutel manchmal auch bei großer Angst.

auch in einem einwandfreien Ernährungszustand.

Die erste Milch (Kolostralmilch), die die Welpen von ihrer Mutter erhalten, versorgt sie mit wichtigen Abwehrstoffen für ihre ersten acht bis zehn Wochen. Auch wenn die Mutter frei von Parasiten war, kann sie beim Säugen auch Parasiten und eine Reihe von Krankheiten auf ihre Welpen übertragen. Einige Wurmarten verkapseln sich im Muskelgewebe derart, dass sie nicht durch Parasitenbekämpfungsmittel vernichtet werden können. Die speziellen Schwangerschaftshormone setzen die Parasiten frei, so dass sie über die Milch übertragen werden können.

Impfplan

Die meisten Impfungen müssen injiziert werden. Sie dürfen ausschließlich durch die Hand eines Tierarztes verabreicht werden. Im Impfpass Ihres Hundes steht, welche Art von Impfung er bereits erhalten hat und welche Impfstoffe ihm gegeben wurden.

Die ersten Impfungen werden gewöhnlich in einem Alter von acht Wochen verabreicht und müssen, damit der Hund zuverlässig geschützt ist, mit zwölf bis vierzehn Wochen wiederholt werden. Sie sollten sich in dieser Hinsicht in jedem Fall auf die Empfehlungen Ihres Tierarztes verlassen, denn die Impfabstände können je nach Impfserum unterschiedlich sein. Die meisten Impfstoffe bewirken eine Immunisierung Ihres Welpen gegen die Folgen einer Virusinfektion. Die üblicherweise verwendeten Impfstoffe sind Kombinationspräparate zum Schutz gegen Staupe, Hepatitis, Leptospirose, Parvovirose und Tollwut. Für speziell gefährdete Welpen sind auch noch andere Impfstoffe verfügbar. Sie sollten sich stets auf den fachmännischen Rat Ihres Arztes verlassen, besonders wenn es um die Auffrischungen geht. Die meisten Impfungen erfordern eine Nachimpfung oder Impfauffrischung, wenn der Welpe ein Jahr alt ist und danach in jährlichen Abständen. In einigen Fällen können die Umstände kürzere Abstände zwischen den Impfungen erfordern. Der Impfstoff gegen Zwingerhusten, in der Fachsprache als Tracheobronchitis bezeichnet, wird nicht in Form einer Injektion verabreicht, sondern in die Nasenlöcher des Hundes gesprüht.

Impfungen gegen Zwingerhusten sind heute häufig Bestandteil der Grundimmunisierung, aber leider nicht so effektiv wie Impfungen gegen andere ernste Krankheiten. Das ist vor allem darauf zurückzuführen, dass der Zwingerhusten nicht nur durch einen Erreger, sondern durch eine Vielzahl unterschiedlicher Krankheitskeime ausgelöst wird.

Von der Entwöhnung bis zu einem Alter von fünf Monaten

Welpen sollten im Alter von etwa zwei Monaten vollständig von der Mutter entwöhnt sein. Ein Welpe, der für mindestens acht bis zehn Wochen mit seiner Mutter und seinen Geschwistern zusammenbleibt, zeigt in seinem späteren

Harnwegsprobleme

Eine Infektion des Harnwegs ist ein ernsthaftes Problem, das sofortige medizinische Betreuung erfordert. Probleme zeigen sich, wenn Ihr Hund sich an ungewohnten Plätzen oder besonders häufig, aber nur in kleinen Mengen löst. Die meisten Harnwegsinfektionen lassen sich in kurzer Zeit mit Antibiotika behandeln. Um diesem unangenehmen Problem vorzubeugen, müssen Sie Ihrem Hund immer genügend frisches Wasser zur Verfügung stellen.

Leben gewöhnlich gegenüber anderen Hunden und Menschen eine bessere Anpassungsfähigkeit. In jedem Fall sollten Sie Ihren Welpen, bald nachdem sie ihn

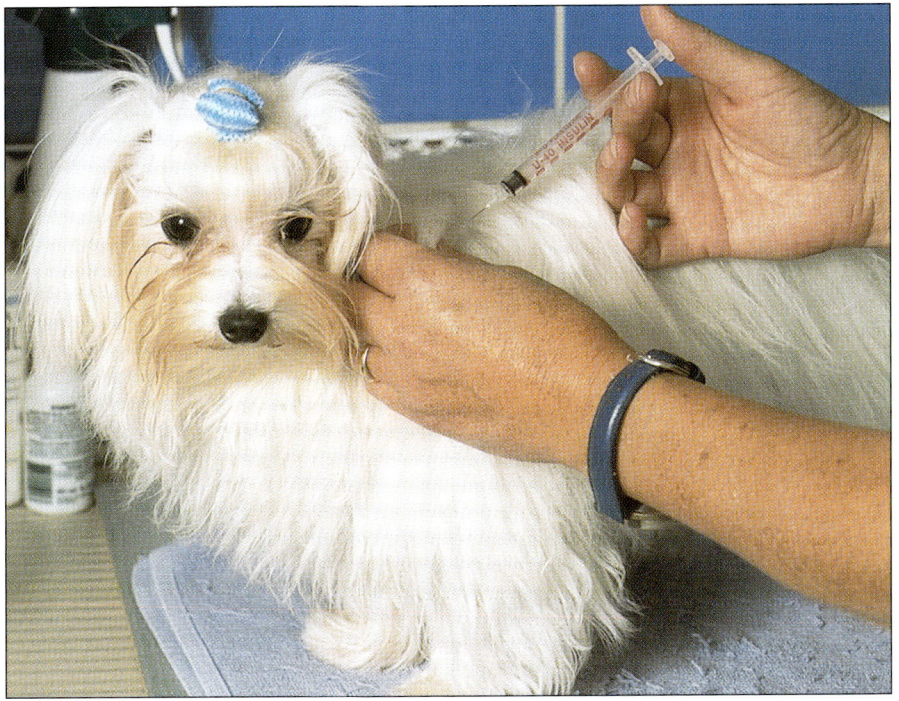

Als Welpe erhält Ihr Hund seine Grundimmunisierung. Der erwachsene Malteser muss jedes Jahr seine Auffrischimpfungen vom Tierarzt erhalten.

Gesundheits- und Impfplan

Alter in Wochen	3.	6.	8.	10.	12.	14.	16.	20–24.
Entwurmung	✔	✔	✔	✔	✔	✔	✔	✔
Parvovirose-Impfung		✔		✔				
Staupe-Impfung			✔		✔			
Hepatitis-Impfung			✔		✔			
Leptospirose-Impfung			✔		✔			
Parainfluenza			✔		✔			
Zahnkontrolle			✔					✔
Grunduntersuchung			✔					✔
Wesenstest			✔					
Zwingerhusten					✔			
Tollwut					✔			✔

Dieses Schema wird häufig angewandt, kann jedoch individuell je nach Bedarf abgeändert werden. Wichtig: Impfungen sind nicht sofort wirksam! Das Immunsystem des Hundes benötigt etwa drei Wochen, um genügend Antikörper zu bilden. Die meisten Impfungen müssen jährlich aufgefrischt werden; bitte fragen Sie Ihren Tierarzt.

vom Züchter abgeholt haben, von einem Tierarzt untersuchen lassen, der auch gleich einen Impfplan für Ihn aufstellen wird.

Der Tierarzt wird das Gebiss des Welpen untersuchen, seinen Knochenbau überprüfen und ihn einer generellen Grunduntersuchung unterziehen. Malteser-Welpen können Probleme mit der Kniescheibe, mit verschiedenen Augenkrankheiten, mit dem Herzen und aufgrund nicht korrekt abgestiegener Hoden haben. Vielleicht zeigt Ihr Welpe auch Verhaltensauffälligkeiten, die Sie mit dem Rat Ihres Tierarztes durch Ihre Erziehung beheben können.

Im Alter von fünf bis zwölf Monaten
Spätestens im Alter von fünf Monaten sollte der Welpe nach Erhalt aller Impfungen über einen vollständigen Impfschutz verfügen. Bei einer eingehenden

Impfen muss sein
Impfungen sind notwendig, um den Hund vor gefährlichen Krankheiten zu schützen. Ohne Tollwutimpfung können Sie mit Ihrem Hund nicht an Hundesport-Veranstaltungen, Ausstellungen oder Erziehungskursen teilnehmen. Die Impfung ist der einzige Weg, einer Ansteckung auf solchen Großveranstaltungen vorzubeugen.

Erste Hilfe auf einen Blick

Verbrennungen
Halten Sie die verbrannte Stelle unter kaltes Wasser, bei kleinen Verbrennungen können Sie einen Eiswürfel benutzen.

Insektenstiche
Benutzen Sie Eis, um die Schwellung zu verringern. Bei Allergie muss Ihr Hund sofort zum Tierarzt.

Tierbisse
Säubern Sie den blutenden Bereich, legen Sie eventuell einen Druckverband an. Suchen Sie den Tierarzt auf.

Verschlucken von Fremdkörpern
Den Hund nicht erbrechen lassen. Sofort den Tierarzt konsultieren.

Vergiftung mit Frostschutzmittel
Bringen Sie den Hund sofort zum Erbrechen.

Angelhaken
Wird am besten vom Tierarzt entfernt, muss zum Entfernen zerschnitten werden.

Schlangenbisse
Für den seltenen Fall packen Sie Eis um den Biss, rufen den Tierarzt an und versuchen die Schlange zu identifizieren.

Autounfall
Ziehen Sie den Hund mit Hilfe einer Decke von der Straße, suchen Sie sofort einen Tierarzt auf.

Schock
Beruhigen Sie den Hund, halten Sie ihn warm, suchen Sie sofort einen Tierarzt auf.

Nasenbluten
Legen Sie eine kalte Kompresse auf die Nase, bei sichtbaren Verletzungen üben Sie einen leichten Druck aus.

Blutende Wunden
Legen Sie einen Druckverband an, bedecken Sie die Wunde mit einer Wattekompresse.

Hitzschlag
Kühlen Sie den Hund mit feuchten Tüchern, frischer Luft und kühlem Wasser. Suchen Sie einen Tierarzt auf.

Schürfwunden
Säubern Sie die Wunde mit viel Wasser und tragen Sie ein Antiseptikum auf.

Unterkühlung, Frostbeulen
Wärmen Sie den Hund mit einem warmen Bad auf, legen Sie ihn auf eine elektrische Heizdecke oder eine Wärmflasche.

 Bedenken Sie, dass ein verletzter Hund aus Angst oder in Panik beißen kann. Legen Sie ihm einen Maulkorb an, bevor Sie ihm helfen.

Impfung beim Welpen

Ihr Welpe erhält seine ersten Impfungen bereits im Alter von acht Wochen bei seinem Züchter, also noch bevor Sie ihn mit nach Hause nehmen. Bei Ihrem ersten Tierarztbesuch nach vier Wochen wird nachgeimpft. Besprechen Sie mit Ihrem Tierarzt die nächsten Impftermine, damit Ihr Welpe rundum geschützt ist.

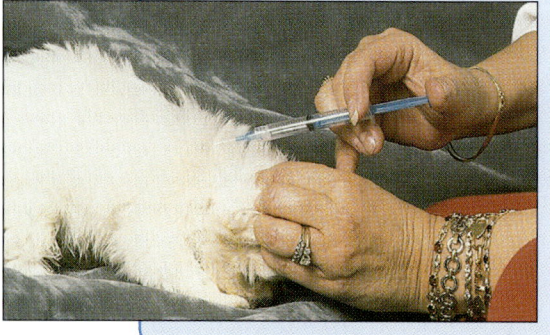

flusst. Im Gegensatz zu den USA, wo viele Hunde, die nicht zu Zucht- oder Ausstellungszwecken gehalten werden, einem solchen Eingriff unterzogen werden, wird eine Kastration in Deutschland gewöhnlich nur vorgenommen, wenn ein triftiger medizinischer Grund dafür vorliegt, obwohl eine Kastration auch ohne medizinische Indikation viele Vorteile hat, beispielsweise vor ungewollter Trächtigkeit schützt und das Risiko für die Ausbreitung verschiedener Krebsarten zu verringern scheint.

Im Alter von ein bis sieben Jahren

Sie sollten Ihren Hund mindestens einmal jährlich zwecks einer ausgiebigen Grunduntersuchung bei Ihrem Tierarzt vorstellen. Das Älterwerden ist zwar keine Krankheit, jedoch verändert sich die Funktionsfähigkeit der inneren Organe wie der Leber, der Niere und des Verdauungssystems und es kommt zu einem verlangsamten Stoffwechsel. Die von Ihrem Tierarzt in dieser Phase empfohlene Umstellung der Ernährung Ihres Maltesers kann ihm das Älterwerden leichter machen. Jährliche Blutuntersuchungen geben Ihnen weitere Aufschlüsse über die Gesundheit Ihres Hundes.

Zahnuntersuchung mit sechs Monaten sollte festgestellt werden, ob alle neuen Zähne richtig im Kiefer stehen. Zu Hause sollten Sie für eine gute Zahnpflege sorgen, indem Sie Ihrem Hund spezielles Kauspielzeug geben und wöchentlich einmal die Zähne putzen.

Obwohl es in vielen anderen Ländern mittlerweile üblich ist, eine Kastration bereits in einem Alter von sechs bis acht Monaten vornehmen zu lassen, ist die Praxis in Deutschland auf Grund der Bestimmungen des Tierschutzgesetzes noch anders. Die Tierärzte in Deutschland sind der Meinung, dass eine frühe Kastration die Entwicklung des Hormonhaushaltes negativ beein-

Allergien

Ihr Hund kann die gleichen Allergien entwickeln wie Sie. Allerdings wird es bei ihm schwieriger, die allergieauslösenden Stoffe zu bestimmen. Denn er kann nicht sagen, welche Beschwerden er hat und wann sie auftreten.

dermatologen. In Zoofachgeschäften sind eine Reihe von Produkten zur Behandlung von Hautproblemen erhältlich. Deren Wirkung beschränkt sich meist nur auf die Behandlung der Symptome, nicht jedoch auf den oder die eigentlichen Auslöser des Problems. Sie werden das Problem nicht aus der Welt schaffen.

Wenn Ihr Hund an einer Hauterkrankung leidet, suchen Sie so schnell wie möglich die Hilfe eines Spezialisten. Je früher ein Problem erkannt und behandelt wird, umso besser sind die Chancen für eine erfolgreiche Heilung. Einige Erkrankungen sind lebensbedrohlich.

Erbliche Hautprobleme

Hauttierärzte untersuchen zur Zeit eine Reihe von Hauterkrankungen, bei denen eine erbliche Ursache vermutet wird. Diese Erbkrankheiten werden durch beide Elternteile übertragen, die phänotypisch zwar gesund erscheinen können, aber ein rezessives Gen für diese Erkrankung in sich tragen. Sie sind Träger der Krankheit, erkranken aber nicht an ihr. Diese Krankheiten stellen viele Züchter vor

> ## Überlegen Sie, wann Sie Ihren Hund impfen lassen!
>
> Ein Tierarztbesuch kann teuer werden, der Weg dorthin ist vielleicht etwas länger und Sie haben auch nicht immer Zeit, um dorthin zu fahren. Dennoch sollten Sie Ihren kranken oder schwangeren Hund nicht gleich aus Kostengründen impfen lassen, nur weil Sie gerade beim Tierarzt sind. Wenn Ihr Hund Medikamente bekommt oder Anzeichen einer Erkrankung, und sei es nur ein Hautausschlag, zeigt, lassen Sie ihn nicht impfen! Ebenso darf kein gelähmter Hund, kein Hund, der vor kurzem operiert wurde und kein Hund, der immununterdrückende Medikamente nehmen muss, geimpft werden.

Hauterkrankungen

Tierärzte werden von Hundebesitzern häufiger wegen Hautproblemen konsultiert als auf Grund irgend einer anderen Erkrankung oder Gesundheitsproblems. Die Haut von Hunden ist fast genauso empfindlich wie die Haut von uns Menschen, und beide leiden nahezu unter denselben Hautproblemen, wenn auch nicht mit der gleichen Häufigkeit. Aus diesem Grund ist die Veterinärdermatologie zu einem Spezialgebiet geworden, mit dem sich inzwischen viele Tierärzte befassen. Viele Hautprobleme zeigen sichtbare Symptome, die sich leider sehr ähnlich sind. Die Diagnose und Heilung vieler ernsthafter Hautprobleme erfordert deshalb das Wissen eines erfahrenen Veterinär-

> ## Impfen allein genügt nicht
>
> Impfungen schützen Ihren Hund vor vielen Infektionskrankheiten. Eine ausgewogene Ernährung und die tägliche Kontrolle auf Parasiten halten Ihren Hund gesund und machen ihn weniger empfänglich für die meisten gefährlichen Erkrankungen. Denken Sie daran, dass das Wohlbefinden Ihres Hundes allein in Ihren Händen liegt!

große Probleme, denn es gibt noch nicht für alle Krankheiten Tests, um die Träger-hunde zu identifizieren. Meistens sind die Folgeerkrankungen der Hautleiden, einschließlich Krebs oder Atemwegs-problemen noch wesentlich bedroh-licher, als die Erkrankung selbst; manche Hauterkrankungen enden auch ohne Folgeerkrankung tödlich.

Zu den erblich bedingten Hauterkran-kungen gehören: Akrodermatitis, kutane Asthenie (entspricht dem Ehlers-Danlos-Syndrom beim Menschen), Sebadenitis, Dermatomyositose, IgA-Mangel, „Colour dilution Alopecia" (eine spezielle Form der Alopezie) und die nodulare Dermatofibrose. Einige dieser Erkran-kungen sind rassespezifisch und kommen nur bei ein oder zwei Rassen vor, andere sind bei vielen Rassen bekannt. Alle Hauterkrankungen müssen unbedingt von einem Tierarzt diagnostiziert und behandelt werden, um sie effektiv zu bekämpfen und somit den meist gefährlichen Sekundärerkrankungen entgegenzuwirken.

Parasitenbisse

Viele Menschen reagieren auf Insekten-stiche allergisch. Der Stich juckt, schwillt

Häufige Infektionskrankheiten

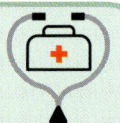

	Dies ist eine...	Infektion durch...	Symptome
Leptospirose	ernste Erkrankung, die die inneren Organe befällt und auf Menschen übertragbar ist	Bakterien, die häufig von Nagetieren über-tragen werden, verbreiten sich durch die Schleimhäute schnell im Körper	in leichten Fällen Fieber, Erbrechen, Appetit-losigkeit, in schweren Schock, unheilbare Nieren-schäden, kann schlimmstenfalls zum Tod führen
Tollwut	potentiell tödlich verlaufende Viruserkrankung, die warm-blütige Säugetiere befällt	den Biss eines infizierten Tieres (vornehmlich Wildtiere)	1. Stadium – Verhaltensänderung, Angst 2. Stadium – zunehmende Aggressivität 3. Stadium – Koordinationslosigkeit, Schwierigkei-ten mit den Körperfunktionen
Parvovirose	hochgradig ansteckende, oft tödlich verlaufende Viruserkrankung	die orale Aufnahme des Virus über den Kot infizierter Hunde	üblicherweise sehr heftige Durchfälle, Erbrechen, Mattigkeit und Appetitlosigkeit
Zwingerhusten	ansteckende Atemwegsinfektion	die Kombination von verschiedenen Bakte-rien- und Virentypen; meistverbreitet *Bor-detella bronchiseptica bacteria* und das Parainfluenzavirus	chronischer Husten
Staupe	Erkrankung, die primär die Atemwege und das Ner-vensystem befällt	ein Virus, das mit dem menschlichen Masernvirus verwandt ist	leichte Symptome wie Fieber, Appetitlosigkeit und Schleimabsonderungen entwickeln sich zu offen-sichtlichen Hirnschäden, Hartballenkrankheit
Hepatitis	ein Virus, das hauptsächlich die Leber angreift	ein Adenovirus Typ 1 (CAV-1) des Hundes; wird durch Einatmen aufgenommen	schwächere Symptome: Apathie, Durchfall und Erbrechen, schwerere Symptome sind beispielsweise Virusansammlungen in den Augen („blaue Augen")
Coronavirus	Verdauungsstörungen bewirkende Viruserkran-kung	den Kot infizierter Hunde	Magenbeschwerden mit Appetitlosigkeit, Erbrechen und Durchfall

Kastration

Wenn Sie nicht planen, Ihren Hund auszustellen oder mit ihm zu züchten, sollten Sie mit Ihrem Tierarzt einmal ernsthaft die Möglichkeit einer Kastration besprechen. Eine Kastration bietet einige Vorteile:

• Ihr Hund gehorcht oft besser, da er sich ganz auf Sie fixiert und nicht durch seinen Sexualtrieb abgelenkt ist!

• Hündinnen können nicht ungewollt trächtig werden und keinen Eierstock- oder Gebährmutterkrebs bekommen.

• Rüden können nicht an Hodentumoren erkranken und sind weniger anfällig für Prostatakrebs.

Wie bei allem gibt es aber auch Nachteile. Manche Hunde entwickeln nach der Kastration ein viel dichteres Haarkleid und haaren dann im Haus auch mehr. Bei manchen Hunden großer Rassen, besonders bei Hündinnen, ist nach der Kastration Inkontinenz beobachtet worden.

an und entzündet sich häufig. Hunde zeigen auf Floh-, Zecken- und Milbenbisse nahezu dieselbe Reaktion. Wenn Sie ein Insekt auf Ihrer Haut spüren, haben sie die Möglichkeit, es mit der Hand zu vertreiben. Wenn Ihr Hund jedoch von einem Floh, einer Zecke oder Milbe gebissen wird, kann er den Plagegeist nur wegkratzen oder abbeißen. Sobald aber Ihr Hund von einem solchen Parasiten gebissen wurde, ist auch schon ein Teil des Schadens angerichtet. Der Parasit kann sogar schon Eier im Fell

des Hundes abgelegt haben, die dann für weitere Probleme sorgen. Der Juckreiz durch den Parasitenbiss ist auf den injizierten Speichel zurückzuführen, der das Blut des Hundes am Gerinnen hindert.

Autoimmunerkrankungen der Haut
Autoimmune Hautprobleme werden häufig als „gegen sich selbst allergisch sein" interpretiert, wohingegen Allergien entzündliche Reaktionen auf einen äußeren Reiz sind. Autoimmunerkrankungen verursachen im betroffenen Körperbereich schwere Gewebeschäden. Die wohl bekannteste Autoimmunerkrankung ist Lupus (Hauttuberkulose), die sowohl Hunde als auch Menschen befallen kann. Die Symptome sind sehr unterschiedlich und können die Nieren, Knochen, das Blut und die Haut in Mitleidenschaft ziehen. Die Erkrankung kann bei Hunden und Menschen tödlich

Parvovirose

Der Parvovirus befällt vor allem Welpen und ältere Hunde. Der Virus verbreitet sich über die Fäkalien und verursacht blutigen Durchfall, Übelkeit, Herzschäden, Dehydration, Schock und schließlich den Tod. Um die Folgen der Infektion zu verhindern, wird Ihr Welpe mit sechs oder acht Wochen geimpft. Eine Auffrischung erfolgt nach vier Wochen und dann jährlich. Der Virus breitet sich sehr schnell aus, denn er überlebt auch an den Pfoten und im Fell des Hundes und kann auch über Ihre Schuhe und Kleidung verbreitet werden.

Wussten Sie schon?

Der Proteinbedarf Ihres Hundes ist nicht immer gleich. Der Bedarf erhöht sich beispielsweise bei hoher Aktivität, Stress oder auch bei klimatischen Veränderungen. Wenn Sie sich unsicher bei der Ernährung Ihres Hundes sind, fragen Sie Ihren Tierarzt um Rat.

Die gesunde Ernährung

Es ist wichtig, dass Sie Ihren Hund gesund ernähren. Eine falsche Ernährung wirkt sich auf die Gesundheit, das Verhalten und das Nervensystem aus. Ein friedlicher Hund kann sogar aggressiv werden.

Auf die Augen kommt es an!

Augenerkrankungen sind bei Hunden verbreiteter, als viele Menschen vielleicht glauben. Dabei sind es manchmal nur leichte Infektionen, die schnell behandelt werden können, manchmal aber auch schwere Leiden, die zum völligen Erblinden führen. Mit allen Augenproblemen Ihres Hundes müssen Sie sich umgehend an Ihren Tierarzt wenden, um möglichst noch im Frühstadium bleibende Schäden zu vermeiden.

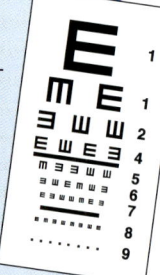

Katarakt (Grauer Star) Die Katarakt erkennen Sie an einer weißlichen bis graue Verfärbung der Linse, die die Sehfähigkeit mehr oder weniger einschränken kann. Die operative Entfernung der alten und gegebenenfalls das Einsetzen einer künstlichen Linse stellt die alte Sehfähigkeit häufig fast vollständig wieder her.

Konjunktivitis (Bindehautentzündung) Die Bindehaut bildet die hintere Fläche der Augenlider und die Nickhaut. Bei einer Entzündung ist sie Bindehaut gerötet, schwillt an und das Auge tränt stark. Die Entzündung wird mit Antibiotika behandelt.

Verletzungen der Hornhaut Die durchsichtige Hornhaut liegt über der Iris und der Pupille. Verletzungen sind schwer zu erkennen, führen aber oft zu einem bleibenden Schaden, zu Rötungen und Schmerzen. Infektionen der Hornhaut werden meist mit Antibiotika behandelt. Suchen Sie mit Ihrem Hund auf jeden Fall den Tierarzt auf.

Trockenes-Auge-Syndrom Dieser Zustand wird durch eine Unterproduktion von Tränenflüssigkeit verursacht. Ein Alarmzeichen ist ein gelblich grüner Ausfluss. Unbehandelt kann dieses Syndrom recht schmerzhaft werden, das Auge kann sich entzünden und möglicherweise erblinden. Normalerweise lässt sich das Auge mit Antibiotika behandeln, schwerere Fälle müssen operiert werden.

Glaukom (Grüner Star) Ein Glaukom wird durch einen erhöhten Augeninnendruck verursacht. Als Symptome treten gerötete Augen, eine grünliche Verfärbung des Auges, Schmerzen, ein vergrößerter Augapfel und Verlust der Sehkraft auf. Eine Antibiotikabehandlung kann helfen, meist muss das betroffene Auge aber operiert werden.

enden. Sie gilt nicht als ansteckend und lässt sich erfolgreich mit Kortikosteroiden behandeln. Die längere Verabreichung dieser Medikamente kann schädliche Nebenwirkungen haben. Die Behandlung muss deshalb sehr genau mit Ihrem Tierarzt abgestimmt werden.

Pollenallergie

Eine interessante Allergie ist die Pollenallergie. Menschen leiden unter Heuschnupfen und ähnlichen Erscheinungen, die während der Blütezeit verschiedener Pflanzen und Gräser auftreten. Hunde können unter denselben Allergien leiden, so dass auch Ihr Hund Symptome zeigt, sobald die Pollenbelastung der Luft einen gewissen Grad erreicht hat. Natürlich äußert sich das bei einem Hund nicht wie beim Menschen durch Niesen und eine laufende Nase – sie reagieren auf eine Pollenallergie in gleicher Weise wie auf Flohbisse, indem sie sich kratzen und beißen.

Hunde können genau wie Menschen auf vorhandene Allergien hin getestet werden. Lassen Sie sich über derartige Allergietests von Ihrem Tierarzt beraten.

Probleme mit dem Futter

Futterallergien

Hunde können gegen viele Futterarten allergisch sein. Davon sind selbst die Spitzenprodukte, die von Züchtern und Tierärzten empfohlen werden, nicht ausgeschlossen. Die Futtersorte zu wechseln muss das Problem nicht lösen, denn das Futterelement, auf das der Hund allergisch reagiert hat, kann auch

Zahnuntersuchungen

Im Alter zwischen sechs Monaten und einem Jahr ist die Zahnuntersuchung besonders wichtig, denn in dieser Zeit besteht noch die Möglichkeit, Fehler in der Zahnstellung der bleibenden Zähne zu korrigieren. Bei Hunden, die stark zu Zahnsteinbildung und damit auch Mundgeruch neigen, ist dazu zu raten, die Zähne regelmäßig mit Hilfe einer speziellen Hundezahnbürste und unter der Anleitung Ihres Tierarztes zu putzen. Essbare und Kauspielzeuge aus Nylon sollten einen festen Bestandteil der Zahnpflege eines jeden Hundes darstellen. Die von führenden Herstellern und Tierärzten empfohlenen Kauspielzeuge und eine artgerechte Ernährung können einen großen Beitrag im Kampf gegen Zahnbelag leisten.

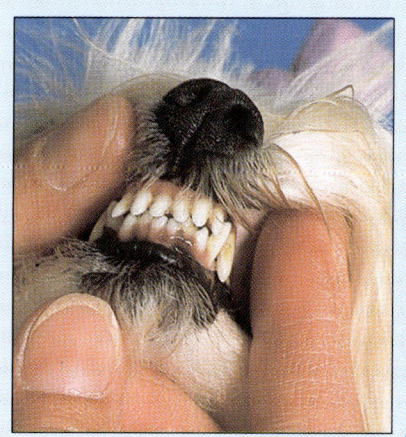

in anderen Futtersorten enthalten sein. Das Erkennen einer Futterallergie ist schwierig. Wenn Menschen etwas essen, was sie nicht vertragen, bekommen sie einen Hautausschlag oder sie erbrechen. Hunde können sich zwar erbrechen, doch bekommen sie gewöhnlich keinen Ausschlag. Dafür verspüren sie einen unablässigen Juckreiz und kratzen und beißen sich unentwegt, wodurch die Diagnose sehr erschwert wird. Während Pollenallergien und Parasitenbisse nur zu bestimmten Jahreszeiten auftreten, sind Futterallergien ein ganzjähriges Problem.

Futterunverträglichkeiten

Futterunverträglichkeiten zeigen die Unfähigkeit eines Hundes, bestimmte Futterarten vollständig verdauen zu können. Welpen, die keinerlei Probleme mit der Muttermilch hatten, können Unverträglichkeiten bei Kuhmilch zeigen, weshalb Hunde niemals mit Kuhmilch gefüttert werden sollten – dieses Nahrungsmittel ist nicht artgerecht. Die Folgen einer solchen Futterunverträglichkeit können Durchfall, Blähungen und Magenschmerzen sein. Da dies die einzigen offensichtlichen Symptome für eine Futterunverträglichkeit sind, gestaltet sich die Diagnose schwierig. Oftmals denkt man zuerst gar nicht an eine Unverträglichkeit, da man das Futter nicht gewechselt hat oder sonst etwas in der Ernährung umgestellt wurde. Aber genau wie Allergien können auch Futterunverträglichkeiten ganz plötzlich auftreten.

Giftige Pflanzen

Viele Pflanzen und Blumen sind wunderschön anzuschauen, sie können aber auch sehr giftig sein. Wenn Ihr Hund eine giftige Pflanze frisst reichen die Folgen von einfachen Magenschmerzen, Überlkeit und Erbrechen bis hin zu Krämpfen und seinem Tod. Wenn Sie eine der folgenden Pflanzen in Ihrer Wohnung oder Ihrem Garten haben, entfernen Sie sie vorsichtshalber oder stellen sicher, dass Ihr Hund sie nicht erreichen kann.

Amaryllis (Knollen)	Efeu	Japanische Eibe	Rhododendron
Avocadopflanzen	Eibe	Kirschkerne	Ringelblume
Azaleen	Eisenhut	Lorbeer	Rittersporn
Bittersüß	Elefantenohrblatt	Mistel (Beeren)	Rote Holunderbeeren
Buchsbaum	Fingerhut	Narzissen	Stechpalme
Butterblume	Hortensien	Oleander	Sumpfschwertlilie
Caladium (Buntwurz)	Glyzinie	Pfirsichblätter	Tabak
Christusdorn	Goldregen	Philodendron	Tollkirschen
Dieffenbachien	Hyazinthen (Knollen)	Pilze	Tulpenzwiebeln
Dreizack-Gras	Iris	Rhabarber	Zuckerbohnen

Zahnpflege

Sie sind für die Gesundheit Ihres Hundes verantwortlich und sollten auch seine Zähne regelmäßig kontrollieren. Tierärzte warnen vor Zahnbelägen und Zahnstein, die das Zahnfleisch entzünden und so Bakterien das Eindringen in den Blutkreislauf ermöglichen, wo sie schwere Infektionen auslösen können. Studien zeigen, dass über die Hälfte aller Hunde an einer Form von Zahnfleischentzündung leiden.

Die Behandlung von Futterproblemen

Sie können versuchen, selbst herauszufinden, worauf Ihr Hund allergisch reagiert. Ernähren Sie Ihren Hund mit einem Futter, das er vorher noch nie erhalten hat. Beginnen Sie dabei am besten mit einer einzelnen Zutat, die nicht in seinem bisherigen Futter enthalten war. Da Zutaten wie Rinderhack oder Fisch in vielen Futtersorten enthalten sind, versuchen Sie es etwas Ausgefalleneres wie Kaninchen oder gekochtes Gemüse. Behalten Sie diese Diät ohne weitere Zusätze für einige Zeit bei. Wenn die Symptome abklingen, haben Sie die Ursache wahrscheinlich ausgegrenzt.

Denken Sie nicht, dass Sie Ihren Hund mit dieser einen Zutat ernähren können, denn Sie müssen eine ausgewogene Ernährung zusammenstellen. Finden Sie heraus, welche Zutaten in seinem alten Futter das Problem auslösten. Das kann bei Fertigfuttern fast unmöglich sein. Es gibt jedoch spezielle Futtersorten für Hunde mit Allergien. Sie können auch versuchen, das Problem weiter einzugrenzen, indem Sie immer weitere Futterbestandteile hinzufügen. Nach jedem neuen Bestandteil behalten Sie die Diät für einen Monat bei, bevor Sie den nächsten dazugeben. So können Sie mit der Zeit herausfinden, was der Auslöser der Futterallergie oder -unverträglichkeit war.

Eine Alternative ist, die einzelnen Komponenten des Futters, das Ihr Hund nicht vertragen hat, eingehend zu studieren. Kaufen Sie dann ein anderes Futter, das die Hauptzutaten der alten Futtersorte nicht enthält. Geben Sie ihm nun für einen Monat das neue Futter und beobachten Sie, ob die Symptome abklingen.

Wussten Sie schon?

Hunde, die Zugang zu Rasenflächen haben, die mit Herbiziden behandelt wurden, erkranken dreimal häufiger an bösartigen Lymphomen. Stadthunde sind besonders gefährdet, denn die städtischen Grünflächen sind meist behandelt. Hunde nehmen Herbizide auch über ihre Pfotenballen auf, weshalb Sie darauf achten sollten, wo Ihr Hund herumläuft. Durch Chemikalien gelblich verfärbte Grasflächen sollten unbedingt gemieden werden.

Homöopathie:
eine Alternative zur Schulmedizin

Weniger ist mehr

Nach diesem Leitsatz wird die Stärke eines homöopathischen Mittels an der Anzahl der durchgeführten Potenzierungen zur Herstellung des Mittels gemessen. Je höher die Anzahl der Potenzierungen ist, desto stärker ist auch das homöopathische Mittel. Verarbeitet man einen Teil Ausgangssubstanz in 9 Teilen einer Wasser-Alkohol-Mischung oder in 9 Teilen Milchzucker, hat man ein Mittel der Potenz D1 hergestellt. Wenn ein Heilmittel auf diese Weise beispielsweise sechs Mal potenziert wurde, hat es die Potenz D_6. Dabei darf „Potenzierung" nicht mit „Verdünnung" verwechselt werden. Eine Verdünnungsreihe führt nur zu einer geringeren Konzentration der Substanz. Bei den Potenzierungen wird der Wirkstoff immer weiter aufgeschlossen. Die physikalische Konzentration sinkt ebenfalls, aber die Wirksamkeit erhöht sich. Eine höhere Potenz mit häufigen Einnahmen ist besser bei akuten Symptomen, eine niedrigere Potenz in weniger häufiger Verabreichung ist bei chronischen und lang anhaltenden Problemen wirkungsvoller.

Das Heilen auf natürliche Weise

Der Begriff „holistische Medizin" beschreibt die Behandlung eines Tieres in seiner Gesamtheit als einzigartiges, perfektes Lebewesen. Generell unterdrückt eine holistische Behandlung nicht die vom Körper auf natürliche Weise hervorgebrachten Symptome, wie das bei den meisten von Ärzten verschriebenen Medikamenten der Fall ist. Holistische Methoden dienen der Heilung von Erkrankungen durch das Wiederherstellen der Balance und Harmonie in der Umgebung des Patienten. Einige dieser Methoden schließen Ernährungstherapien wie den Einsatz von Kräutern, Blütenessenzen, Aromatherapie sowie Akupunktur, Massagen, Chiropraktiken und natürlich die populärste aller holistischen Therapien, die Homöopathie, mit ein.

Die Homöopathie ist die Theorie oder das System der Behandlung von Erkrankungen mit kleinen Dosen von Substanzen, die – würde man sie in größeren Mengen einnehmen – genau die Symptome verursachen würden, unter denen der Patient bereits leidet. Obwohl die moderne Tiermedizin eher in Richtung „Schnellheilung" tendiert, verlässt sich die Homöopathie mehr auf den Glauben, dass der Körper in der Lage ist, sich selbst zu heilen, wenn ihm dafür ausreichend viel Zeit gegeben wird.

Der schwierige Teil in der Tier-Homöopathie ist die Auswahl eines Mittels, das ein bei einem Hund vorliegendes Problem zu beseitigen vermag. Bitten Sie daher Ihren Tierarzt zunächst um eine professionelle Diagnose der Symptome Ihres

Hundes. Oftmals verlangen diese Symptome umgehende konventionelle Pflege. Wenn Ihr Tierarzt dazu bereit ist und über das nötige Wissen verfügt, können Sie es auch mit einem homöopathischen Mittel versuchen. Achten Sie aber darauf, dass beispielsweise Kortison die Wirkung homöopathischer Mittel aufhebt. Es gibt Hunderte von Möglichkeiten zur Beseitigung vieler Gesund- heitsprobleme. Dazu gehören extremes Haaren, Flöhe oder andere Parasiten, unangenehme Gerüche, ein verdorbener Magen,

trockenes, öliges oder stumpfes Fell, Durchfall, Ohrprobleme oder Augenausfluss (einschließlich Tränen der Augen oder Schleimabsonderungen); auch Verhaltensabnormitäten wie Angst oder unkontrollierte Lautäußerungen, Dauerlecken, Appetitmangel, ständiges Bellen, Übergewicht und verschiedene Phobien. Von Alumina bis Zincum metallicum erstreckt sich die Herkunft der Heilmittel über die ganze Erde, von Blüten und Unkräutern bis zu Chemikalien, Insektenkot, Petroleum und Vulkanasche.

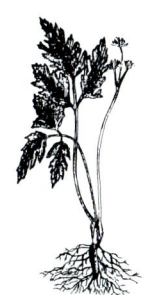

Die Anwendung der Homöopathie

Im Gegensatz zu konventionellen Medikamenten, die Symptome unterdrücken, behandeln homöopathische Mittel Krankheiten mit kleinen Dosen von Substanzen, die in größeren Mengen verabreicht genau die Symptome hervorrufen würden, unter denen der Patient bereits leidet. Während dasselbe homöopathische Mittel zur Behandlung unterschiedlicher Symptome bei verschiedenen Hunden verwendet werden kann, folgen hier nun einige interessante Mittel und deren Anwendung.

Apis mellifica
Es kann bei Allergien oder zum Abklingen von Schwellungen akut entzündeter Nieren benutzt werden und wird aus dem Gift der Honigbienen hergestellt.

Nux vomica
Zur Kontrolle der Reisekrankheit.

Calcarea fluorica
Kann zur Behandlung harter Gewebsknoten angewandt werden. Wird aus Kalziumfluorid hergestellt, das einer härteren Knochenstruktur dient.

Natrium muriaticum
Zur Behandlung dünner, dehydrierter Hunde benutzt, wird es aus gewöhnlichem Kochsalz, Natriumchlorid, hergestellt.

Nitricum acidum
Es wird aus Salpetersäure hergestellt und wird bei Symptomen angewendet, die man bei durch Säure hervorgerufenen Wunden vermuten würde, besonders in den Bereichen, wo die Haut an die Schleimhäute von Körperöffnungen wie den Lippen oder Nasenlöchern angrenzt.

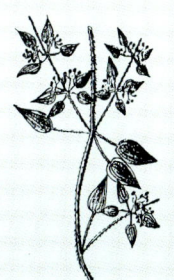

Symphytum
Aus dem Kraut Symphytum officinale hergestellt, regt es Knochenbrüche zum Heilen an.

Urtica urens
Aus Brennessel hergestellt, wird es zur Behandlung schmerzhafter Hautreizungen und -ausschläge benutzt.

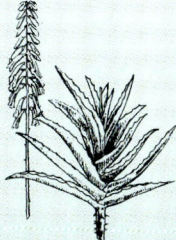

Homöopathische Mittel für Ihren Hund

Symptom/Krankheit	Mögliches Mittel
Allergien	Apis mellifica D_{30}, Astacus fluviatilis D_6, Pulsatilla D_{30}, Urtica urens D_6
Alopezie	Alumina D_{30}, Lycopodium D_{30}, Sepia D_{30}, Thallium D_6
Verstopfte Analdrüsen	Hepar sulphuris calcareum D_{30}, Sanicula D_6, Silicea D_6
Arthritis	Rhus toxicodendron D_6, Bryonia alba D_6
Katarakt	Calcarea carbonica D_6, Conium maculatum D_6, Phosphorus D_{30}, Silicea D_{30}
Verstopfung	Alumina D_6, Carbo vegetabilis D_{30}, Graphites D_6, Nitricum acidum D_{30c}, Silicea D_6
Husten	Aconitum napellus D_6, Belladonna D_{30}, Hyoscyamus niger D_{30}, Phosphorus D_{30}
Durchfall	Arsenicum album D_{30}, Aconitum napellus D_6, Chamomilla D_{30}, Mercurius corrosivus D_{30}
Trockenauge	Zincum metallicum D_{30}
Ohrenprobleme	Aconitum napellus D_{30}, Belladonna D_{30}, Hepar sulphuris D_{30}, Tellurium D_{30}, Psorinum D_{200}
Augenprobleme	Borax D_6, Aconitum napellus D_{30}, Graphites D_6, Staphysagria D_6, Thuja occidentalis D_{30}
Glaukom	Aconitum napellus D_{30}, Apis mellifica D_6, Phosphorus D_{30}
Hitzschlag	Belladonna D_{30}, Gelsemium sempervirens D_{30}, Sulphur D_{30}
Schluckauf	Cinchona deficinalis D_6
Hüftgelenks-dysplasie	Colocynthis D_6, Rhus toxicodendron D_6, Bryonia alba D_6
Inkontinenz	Argentum nitricum D_6, Causticum D_{30}, Conium maculatum D_{30}, Pulsatilla D_{30}, Sepia D_{30}
Insektenstiche	Apis mellifica D_{30}, Cantharis D_{30}, Hypericum perforatum D_6, Urtica urens D_{30}
Juckreiz	Alumina D_{30}, Arsenicum album D_{30}, Carbo vegetabilis D_{30}, Hypericum perforatum D_6, Mezerium D_6, Sulphur D_{30}
Zwingerhusten	Drosera D_6, Ipecacuanha D_{30}
Mastitis	Apis mellifica D_{30}, Belladonna D_{30}, Urtica urens 1m
Kniescheiben-verrenkung	Gelsemium sempervirens D_6, Rhus toxicodendron D_6
Penisprobleme	Aconitum napellus D_{30}, Hepar sulphuris calcareum D_{30}, Pulsatilla D_{30}, Thuja occidentalis D_6
Zahnen	Calcarea carbonica D_6, Chamomilla D_6 Phytolacca D_6
Reisekrankheit	Cocculus D_6, Petroleum D_6, Nux vomica D_6

Achten Sie im Freien besonders auf Ihrem Malteser. Es gibt eine Menge giftiger Pflanzen und mit seinem langen Fell sammelt Ihr Hund schnell alle möglichen Parasiten ein.

Äußere Parasiten (Ektoparasiten)

Von allen Problemen, zu denen Hunde neigen, ist wohl keines besser bekannt und frustrierender als das Flohproblem. Ein Flohbefall ist zwar relativ einfach zu behandeln, dafür umso schwieriger zu verhindern. Parasiten, die im Inneren eines Hundes ihr Unwesen treiben, sind schwieriger zu behandeln, dafür aber einfacher zu kontrollieren.

Flöhe

Es ist möglich, Flohbefälle zu kontrollieren, jedoch müssen Sie dazu den Lebenszyklus des Flohs verstehen. Gewöhnlich sind Flöhe ein im Sommer auftretendes Problem, aber da sich Flöhe in unseren zentralbeheizten Räumen inzwischen das ganze Jahr wohlfühlen, haben wir auch das ganze Jahr mit ihnen zu kämpfen. Eine effektive Beseitigung bezieht auch das Umfeld mit ein. Es gibt leider kein einziges Mittel gegen Flöhe, das stets und überall mit gleich gutem Erfolg eingesetzt werden kann. Für eine effektive Flohkontrolle muss die Behandlung gezielt jedes Stadium des Lebenszyklus des Flohs bekämpfen.

Entwicklungsstadien des Flohs

Während seines Lebens durchläuft der Floh vier Stadien: Ei, Larve, Puppe und adulter Floh. Um die Eier, Puppen oder

Eine Aufnahme des Hundeflohs *Ctenocephalides canis* durch ein Raster-Elektronen-Mikroskop (REM).

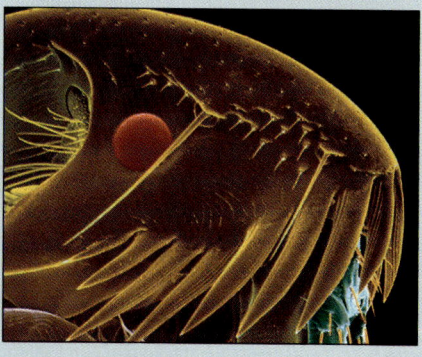

Eine Ausschnittsvergrößerung des Kopfs eines Hundeflohs, *Ctenocephalides canis.*

Flöhe in Zahlen

Flöhe gibt es bereits seit Millionen von Jahren, und sie haben sich an immer neue Wirtstiere angepasst. Sie können einen kompletten Lebenszyklus in weniger als einem Monat durchlaufen oder ihr Leben auch um fast zwei Jahre verlängern, indem sie für die Dauer dieser Zeit im Puppenstadium verbleiben, bis die Lebensumstände günstiger sind. Adulte Flöhe können mehrere Monate ohne jegliche Nahrung überleben.

Es ist erwiesen, dass Flöhe das 300-fache ihrer eigenen Körperlänge überspringen können. Dies sind nur einige der Gründe, warum sie beim Befallen von Hunden so erfolgreich sind.

Larven zu erkennen, brauchen Sie ein Mikroskop. Flöhe verbringen ihr ganzes Leben auf einem Hund, wenn sie nicht gewaltsam durch Bürsten, Baden, Kratzen oder Beißen entfernt werden. Der Hundefloh heißt wissenschaftlich *Ctenocephalides canis*, der Katzenfloh heißt *Ctenocephalides felis*. Verschiedene Floharten können Hunde und Katzen gleichermaßen befallen. Flöhe legen ihre Eier auf dem Hund ab. Die Eier fallen ab, sobald sie getrocknet sind (bei der Ablage sind sie noch leicht feucht und haften so gut am Fell des Hundes). Sie sind der Grundstock für künftige Flohplagen. Wenn Ihr Hund einmal einige Flöhe herunterkratzt, warten sie auf ihr nächstes Opfer – einen Hund oder auch einen Menschen! Sie haben richtig gehört, Hundeflöhe befallen auch Menschen. Gerade deshalb ist es so wichtig, dass Sie einen Flohbefall ernst nehmen. Die Bekämpfung muss gleichzeitig die Flöhe treffen, die sich auf Ihrem Hund befinden und die, die sich in der Wohnung und den Lieblingsplätzen Ihres Hundes befinden. Sie sind das Problem so lange nicht los, solange Sie nicht alle Flöhe, Eier, Larven und Puppen beseitigt haben!

Entflohen Sie Ihr Zuhause
Sauberkeit ist der Schlüssel zum Erfolg. Wenn Sie eine Katze besitzen, ist die

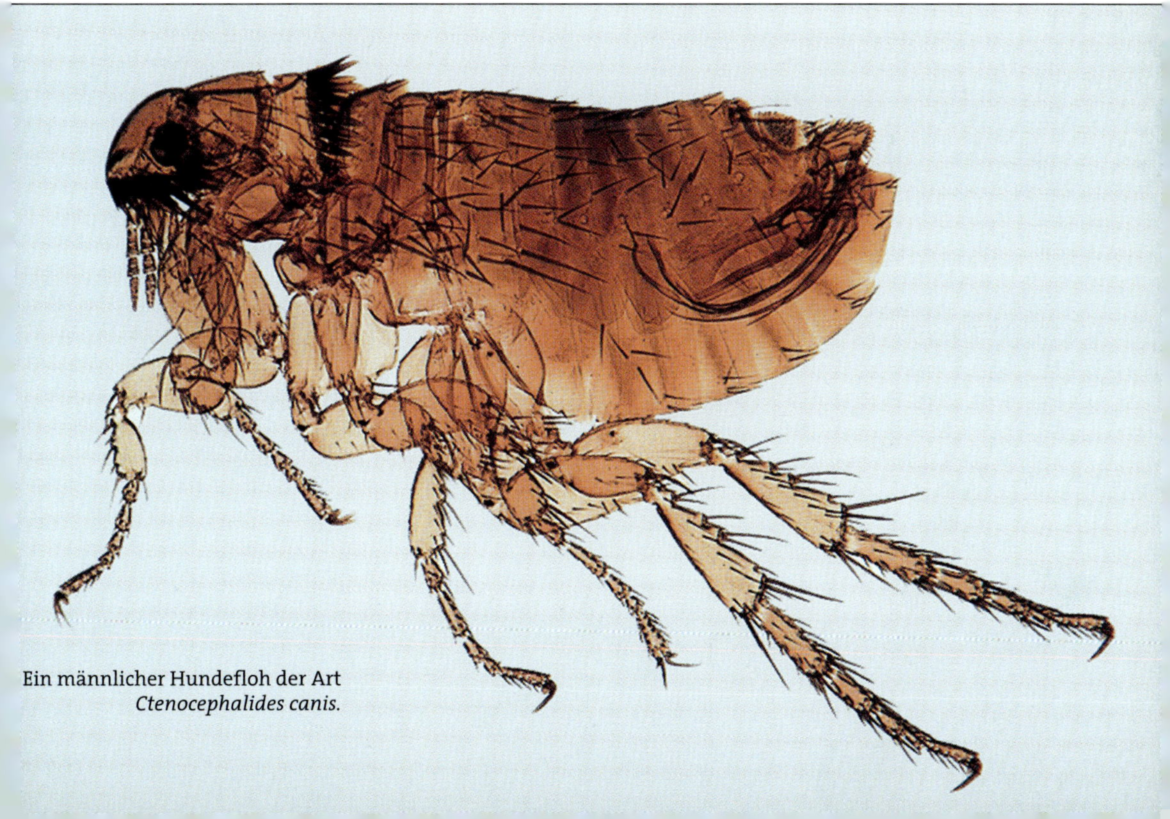

Ein männlicher Hundefloh der Art *Ctenocephalides canis*.

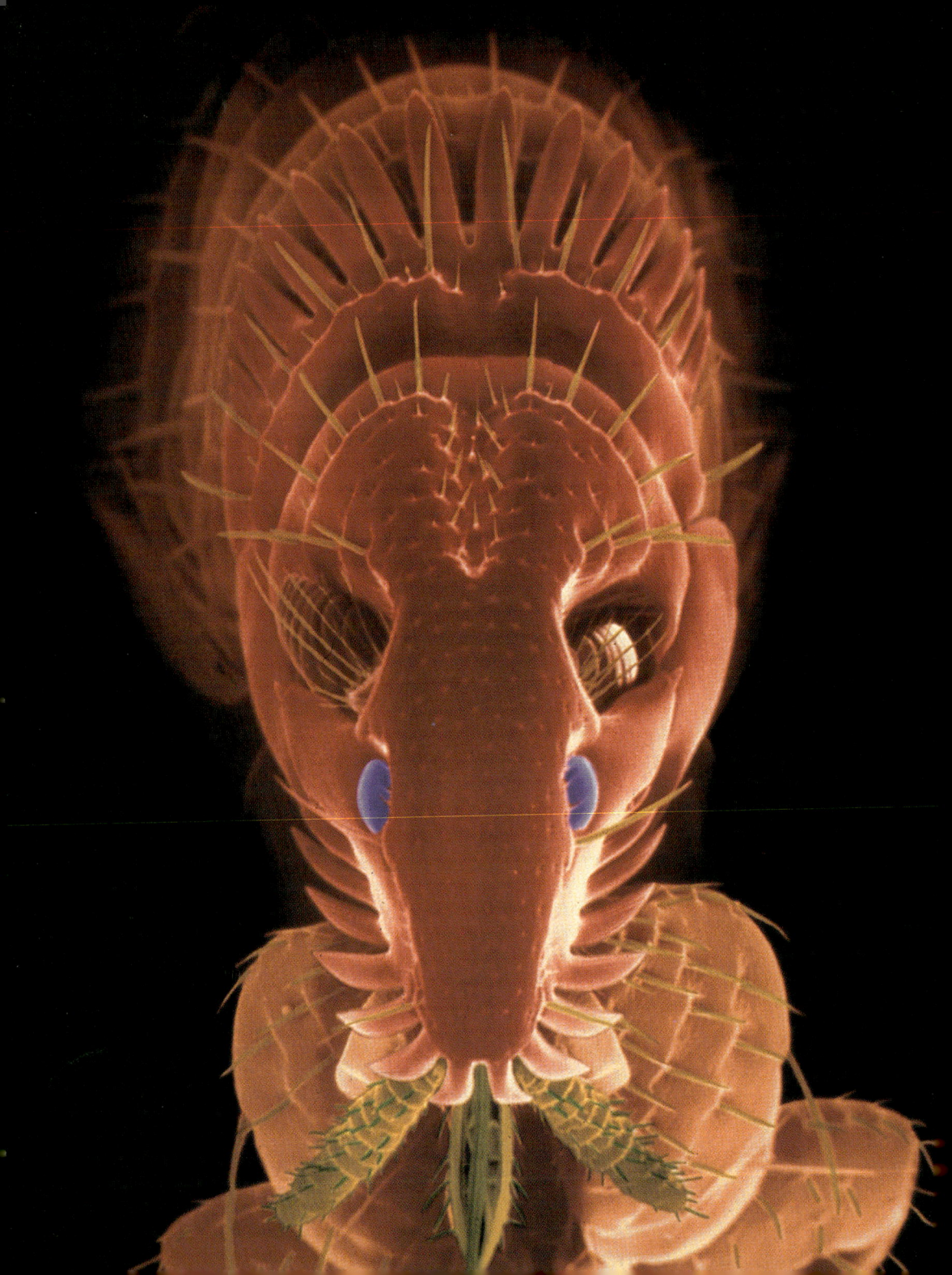

Bekämpfung noch schwieriger, da die meisten Hundeflöhe eigentlich Katzenflöhe sind und Katzen in Bereiche hochklettern, die der Hund nicht erreichen kann (beispielsweise Fensterbänke und Tische) und die Sie zusätzlich reinigen müssen. Wischen Sie Böden (Fliesen, Linoleum, Laminat, Dielen oder Parkett) regelmäßig auf, denn alle heruntergefallenen Essensreste sind Nahrung für die Flohlarven! Saugen Sie den Teppichboden und Ihre Polstermöbel mehrmals täglich. Vergessen Sie dabei nicht, auch die Kissen und unter den Möbel zu saugen. Versuche haben gezeigt, dass normale Bodenstaubsauger nur etwa 20 Prozent der Larven und 50 Prozent der Eier wirklich aufsaugen. Die Staubsaugerbeutel sollten Sie nach dem Saugen in einem verschließbaren Plastikbeutel entsorgen und den Staubsauger gründlich reinigen. Behandeln Sie auch Ihren Garten mit einem Antiflohmittel.

Für Ihre Wohnung kann Ihnen Ihr Tierarzt sicher ein Spray empfehlen, das Sie aber sehr gewissenhaft nur nach Anleitung einsetzen dürfen.

Es gibt eine Vielzahl von Antiflohmitteln für den Hund selbst, die Sie nur nach Absprache mit Ihrem Tierarzt verwenden sollten.

> ## Wussten Sie schon?
> Vermischen Sie niemals verschiedene Flohmittel, ohne vorher Ihren Tierarzt dazu befragt zu haben. Einige können in Verbindung mit anderen toxisch wirken schwere gesundheitliche Schäden verursachen.

> ## Wussten Sie schon?
> Flohbekämpfungsmittel sind giftig. Sie sollten diese Mittel nicht an Stellen einsetzen, an denen sich Ihr Hund lecken kann, nicht an seinen Genitalien und nicht in seinem Gesicht. Die Behandlung mit Medikamenten zur Einnahme ist sicherer, aber sprechen Sie mit Ihrem Tierarzt, denn nicht jeder Hund verträgt diese Flohmittel.

Darunter gibt es Einzel- und Kombinationspräparate. Manche bekämpfen die Parasiten innerlich, indem sie ihre Vermehrung verhindern. Sie werden regelmäßig als Tabletten gegeben. Flohhalsbänder wirken ebenso vorbeugend. Bestimmte Präparate werden dem Hund in den Nacken geträufelt und verhindern gleichzeitig einen Befall mit Zecken. Bei einem akuten Befall wird der Tierarzt meistens zu einem Spray raten.

Das Umfeld muss entfloht werden

Es genügt nicht, wenn Sie nur Ihre Wohnung mit dem Staubsauger, dem Mop und Anti-Floh-Mitteln reinigen, Sie müssen zumindest noch den Garten von den Flöhen befreien. Wenn Sie dabei Insektizide versprühen, achten Sie darauf, dass Sie keine anderen Insekten und Tiere vergiften. Halten Sie die Mittel fern von Ihrem Gartenteich. Wählen Sie auch für draußen ein Mittel, das Ihrem Hund nicht gefährlich werden kann, zur Sicherheit lassen Sie Ihren Hund nach der Behandlung nicht sofort in den Garten. Ritzen von Hundehütten desinfiziert man am besten mit der Lötlampe.

Gegenüberliegende Seite: Eine Elektronenmikroskopaufnahme eines Flohs, *Ctenocephalides*, in mehr als 100-facher Vergrößerung. Für einen besseren Kontrast wurde die Aufnahme eingefärbt.

Der Lebenszyklus eines Flohs

Eier

Larve

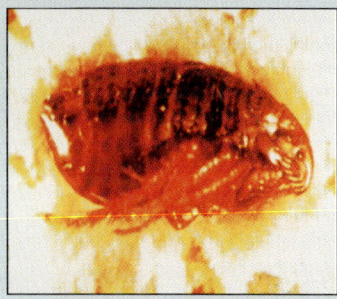

Puppe

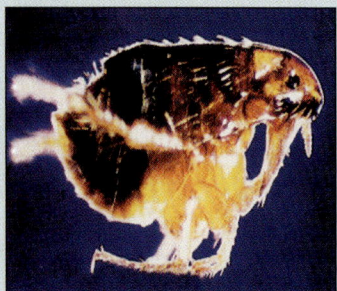

Erwachsener Floh

Achtung Flöhe!

Wachstumshemmer

Zur Flohbehandlung sollten zwei Mittel eingesetzt werden – eines zur Behandlung des Hundes und eines zur Behandlung des Lebensraums. Adulte Flöhe stellen nur 1% der Flohpopulation dar. Die präadulten Flöhe (Eier, Larven und Puppen) bilden die anderen 99% der Flohpopulation und sind im Lebensraum des Hundes zu finden. Im Fall von präadulten Flöhen sollte ein Mittel verwendet werden, das einen Wachstumsregulator für Parasiten enthält.

Wachstumsregulatoren stellen eine neue Klasse von Wirkstoffen dar, die die Entwicklung von Parasiten verhindern. Sie töten den Parasiten nicht sofort, sondern benutzen stattdessen die Biologie der Parasiten, um diese gegen sie einzusetzen und sie am Wachstum zu hindern. Methopren enthaltende Produkte sind weltweit die führenden Wachstumsregulatoren. Für die Kontrolle von Flöhen und anderen Parasiten eingesetzt, stoppt dieser Wachstumsregulator die Weiterentwicklung der Flohlarve und schützt Ihr Haus so bis zu sieben Monate vor einem Flohbefall.

Flöhe bekämpfen

Schützen Sie sich in folgender Weise vor Flöhen:

- Geben Sie dem Badewasser Ihres Hundes etwas Pennyroyal- oder Eukalyptusöl bei. Diese natürlichen Mittel verjagen Flöhe.

- Reichern Sie das Futter Ihres Hundes mit frischem Knoblauch und einer guten Portion Bierhefe an, denn beides hält Flöhe fern.

- Begrenzen Sie den Bewegungsfreiraum Ihres Hundes auf wenige Räume, um die Verbreitung der Flöhe einzudämmen.

- Saugen sie täglich, auch in Spalten und Ritzen. Tauschen Sie die Staubsaugertüten alle paar Tage aus, bis das Problem unter Kontrolle ist.

- Waschen Sie täglich die Decken Ihres Hundes. Decken Sie Kissen und Polstermöbel, auf denen Ihr Hund sich aufhalten darf, mit Handtüchern ab und waschen Sie diese so oft wie möglich.

Zecken und Milben

Obwohl nicht so häufig wie Flöhe, gibt es Zecken und Milben überall auf der Welt in den tropischen und gemäßigten Klimazonen. Auch sie ernähren sich vom Blut ihrer Opfer, beißen diese aber nicht, sondern bohren sich mit ihren scharfen Mundwerkzeugen in ihre Haut. Sie ernähren sich ausschließlich von Blut und injizieren ihren Speichel in die Bisswunde, um das Blut am Gerinnen zu hindern. Zecken und Milben sind Überträger einer Reihe von sehr unangenehmen Erkrankungen, die teilweise sogar tödlich verlaufen können, beispielsweise das Zeckenfieber. Ihr Lebensraum ist dem der Flöhen ähnlich, Milben bevorzugen kleinste Risse und Spalten in Wänden. Diese Parasiten

Diese Vergrößerung zeigt einen Floh, wie er auf einen Hunderücken springt.

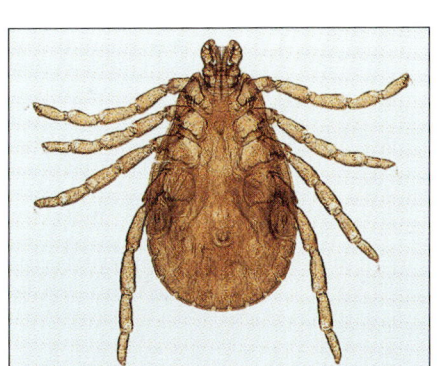

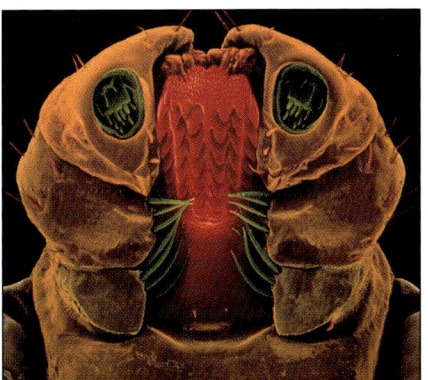

können Sie mit den gleichen Mitteln wie Flöhe bekämpfen.

Die Hundezecke *Dermacentor variabilis* ist weltweit am häufigsten zu finden, besonders im feuchtwarmen Klima. Die meisten Hundezecken haben eine Lebenserwartung zwischen einer Woche und sechs Monaten, was ganz von den herrschenden Klimabedingungen abhängt. Sie können weder springen noch fliegen, sondern krabbeln herum und können beim Angriff auf einen schlafenden und nichts Böses ahnenden Hund Strecken von bis zu fünf Metern zurücklegen.

Räude

Milben verursachen Hautreizungen, die sämtlich als Räude bezeichnet werden. Einige sind ansteckend, wie die Ohrmilben, Sarkoptes-Milben oder Cheyletiella-

Die Braune Hundezecke, *Rhipicephalus sanguineus,* ist ein selten auf Hunden zu findender, aber unangenehmer Quälgeist.

Der Kopf der Hundezecke, *Dermacentor variabilis,* vergrößert und eingefärbt.

Milben. Die demodikotische Räude geht mit einem Befall durch Demodex-Milben einher, sie ist nicht von Hund zu Hund übertragbar. Welpen infizieren sich bei der Geburt durch die Muttermilch.

Wie bei den meisten Ektoparasiten stellt der Milbenbefall an sich nicht das größte Problem für die Gesundheit des Hundes dar. Die Parasiten sind zwar lästig, die eigentliche Gefahr geht aber von Sekundärinfektionen aus. Durch das ständige Kratzen kommt es – unbehandelt – zu offenen Wunden, die bakteriellen Krankheitserregern das

Vorsicht Hundezecke!

Sich im Freien aufzuhalten ist für jeden Hund das Größte. Leider sind auf vielen Wiesen und in Wäldern auch gefährliche Zecken zu Hause. Zecken sind häufig Träger des Bakteriums *Borrelia burgdorferi*. Am häufigsten findet man sie im Frühling und im Herbst. Wenn die Infektion früh erkannt wird, helfen die Antibiotika Penicillin und Tetracyclin. Unerkannt führt das Bakterium zu neurologischen, Herz- und Nierenschäden. Die Gelenke können sich entzünden, und jede Bewegung schmerzt dann.

Gegenüberliegende Seite: Die Hundezecke, *Dermacentor variabilis*, ist die am häufigsten auf Hunden zu findende. Beachten Sie die kraftvollen Kauwerkzeuge – kein Wunder, dass sie schwer zu entfernen ist.

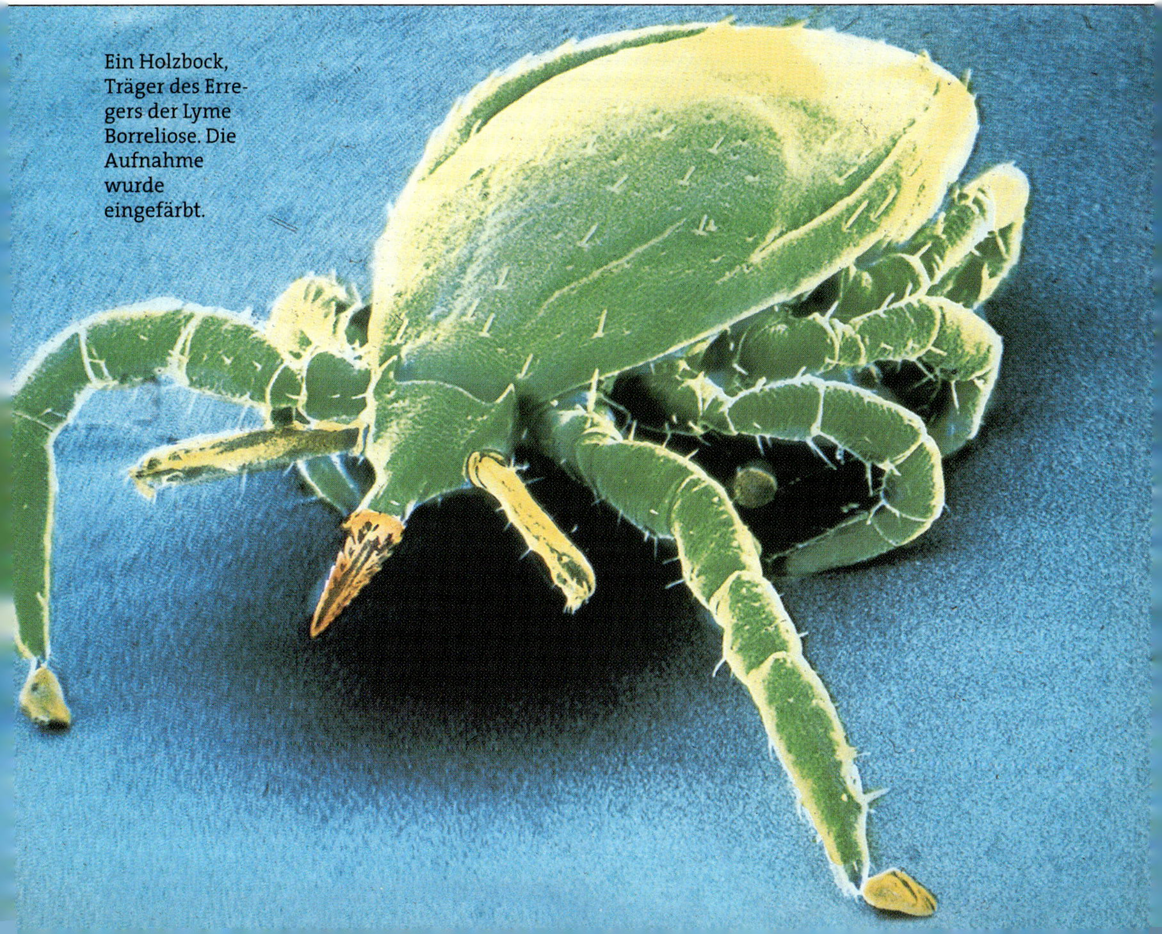

Ein Holzbock, Träger des Erregers der Lyme Borreliose. Die Aufnahme wurde eingefärbt.

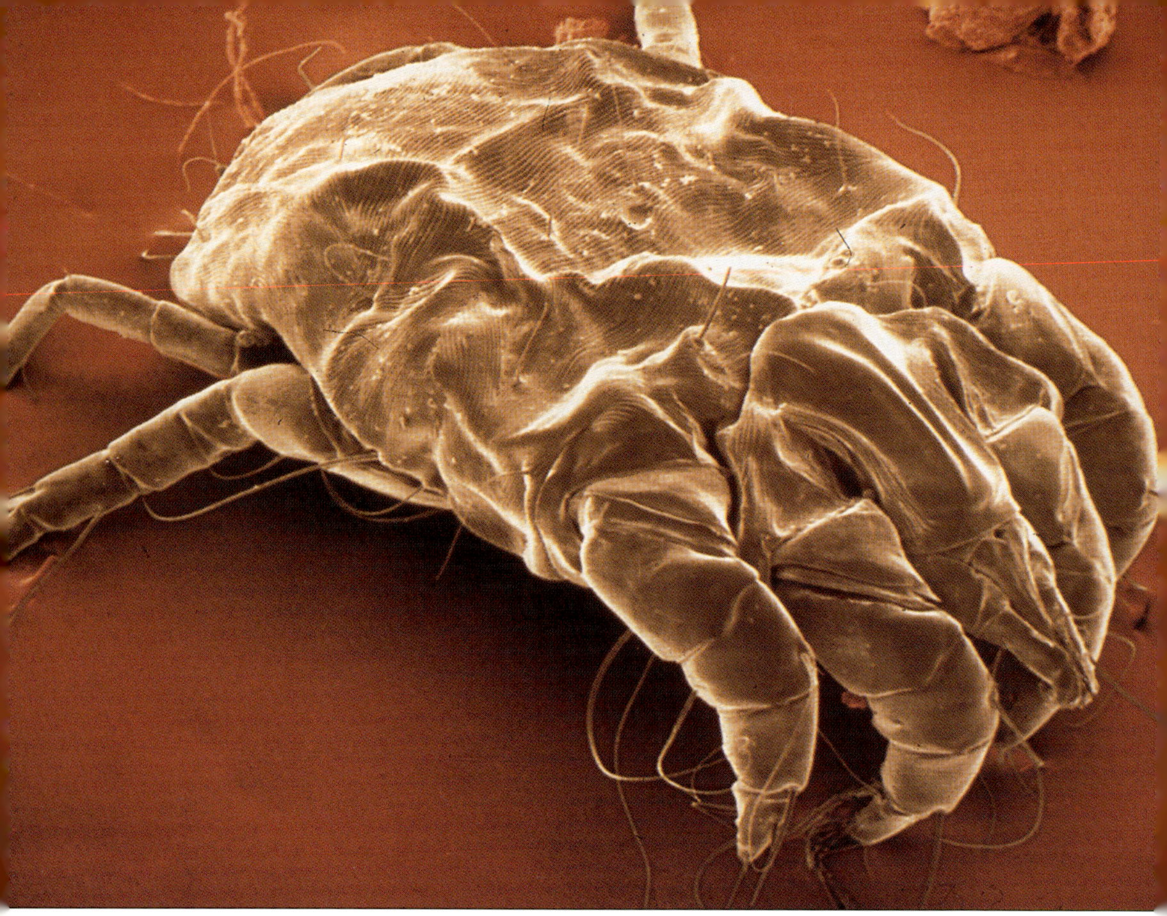

Eine Aufnahme der Räudemilbe, *Psoroptes bovis*

Eindringen in den Organismus des Hundes ermöglichen. Ein Milbenbefall im Ohr ist häufig.

Zur erfolgreichen Behandlung wird der Tierarzt in aller Regel ein Mittel empfehlen, das in das gereinigte Ohr des Hundes geträufelt und dann sanft einmassiert wird. Diese Therapie müssen Sie zu Hause fortführen, bis keine Anzeichen mehr auf einen Befall mit Milben hinweisen.

Da einige Arten von Räude auf den Menschen übertragen werden können, sollte in jedem Fall schnellstmöglich eine Behandlung erfolgen.

Menschliche Kopfläuse sehen wie Hundeläuse aus und sind eng mit diesen verwandt.

Innere Parasiten (Endoparasiten)

Die meisten Tiere – Fische, Vögel und alle Säugetiere, Hunde und Menschen eingeschlossen – beherbergen Würmer und andere Parasiten, die im Innern des Körpers leben. Nach Ansicht des Fischpathologen Dr. Herbert R. Axelrod gibt es zwei Arten von Parasiten – dumme und schlaue. Die schlauen Parasiten leben mit ihrem Wirt in friedlicher Eintracht (Symbiose), während die dummen ihren Wirt umbringen.

Die meisten Wurminfektionen sind relativ einfach zu kontrollieren. Lässt man sie jedoch ungehindert ausufern, schwächen sie ihren Hundewirt letztendlich bis zu dem Punkt, an dem es zu anderen Gesundheitsproblemen kommt.

Spulwürmer

Der häufigste Spulwurm bei Hunden ist unter dem wissenschaftlichen Namen *Toxocara canis* bekannt. Er lebt im Verdauungssystem des Hundes und scheidet kontinuierlich Eier aus. Es wird vermutet, dass ein durchschnittlich großer Hund täglich etwa 150 Gramm Kot produziert, von denen jedes Gramm durchschnittlich 10 000 bis 12 000 Spulwurmeier enthält. Es gibt keine Bereiche, in denen sich Hunde aufhalten, die nicht mit Spulwurmeiern verseucht sind. Die größte Gefahr von Spulwürmern ist, dass sie auch Menschen befallen. Aus diesem Grund ist es wichtig, Ihren Hund regelmäßig zu entwurmen.

Schweine können an einem Befall mit Spulwürmern leiden, die auf den Menschen und Hunde übertragbar sind. Diese Spulwurmart trägt den wissenschaftlichen Namen *Ascaris lumbricoides*.

Der Spulwurm *Rhabditis* kann Hunde und Menschen befallen.

Spulwürmer

Durchschnittlich große Hunde können täglich 1 360 000 Spulwurmeier ausscheiden. Bei einem weltweiten Bestand von angenommen nur einer Million Hunden (alleine in Deutschland gibt es derzeit etwa fünf Millionen!) wird die Umwelt jeden Tag mit 1 300 Tonnen Hundekot belastet.

Diese Kotmenge enthält somit 15 000 000 000 Spulwurmeier. Den Kot Ihres Hundes in der Toilette hinunterzuspülen, ist keine Lösung, denn die Wasseraufbereitungsmaßnahmen im Klärwerk zerstören die Spulwurmeier nicht. Infizierte Welpen beginnen im Alter von drei Wochen mit der Ausscheidung von Spulwurmeiern.

Entwurmen

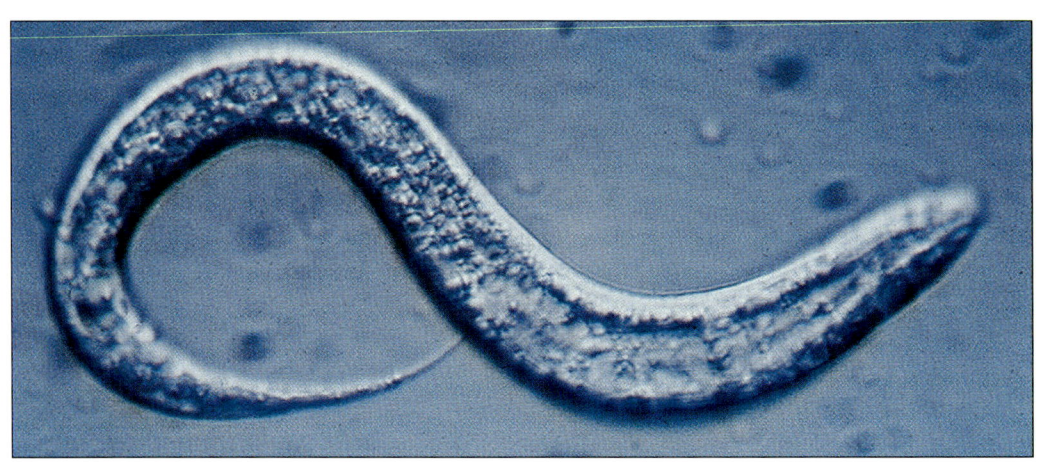

Das Entwurmen Ihres Welpen ist ausgesprochen wichtig, denn viele Würmer, wie Band-, Haken- und Spulwürmer, können vom Welpen auf den Menschen übertragen werden.

Züchter entwurmen ihre Welpen das erste Mal bereits im Alter von etwa drei Wochen. Diese Prozedur wird gewöhnlich alle zwei bis drei Wochen wiederholt, bis die Welpen drei Monate alt sind. Der Züchter, bei dem Sie Ihren Welpen kaufen, sollte Ihnen einen Gesundheitspass aushändigen, in dem alle bereits verabreichten Impfungen und Entwurmungen im Detail vermerkt sind.

Ihr Tierarzt wird Ihnen für Ihren Welpen ein Entwurmungsprogramm empfehlen und überwachen. Im Normalfall wird ein Welpe alle 15 bis 20 Tage behandelt, bis er frei von Würmern ist. Verwenden Sie zu diesen Zweck keine Entwurmungsmittel, die nicht vom Tierarzt empfohlen wurden.

Hakenwürmer

Die Wurmart *Ancylostoma caninum* ist gewöhnlich als der Hundehakenwurm bekannt. Er ist auch für Katzen und Menschen gefährlich. Wie viele andere Würmer besitzt auch dieser Wurm Mundwerkzeuge, mit denen er sich in den Darmwänden seines Wirtes verankert. Da er seinen Standort allerdings etwa sechsmal täglich wechselt, kommt es an den beschädigten Darmwänden zu Blutungen, die zu einer Eisenmangelanämie führen können. Ein Hakenwurmbefall kann einfach mit einer Reihe von Medikamenten behandelt werden. Milbemyzin oxim kann auch bei einem Befall mit Hakenwürmern genommen werden.

In England taucht im offenen Grasland der Hakenwurm *Uncinaria stenocephala* auf. Er befällt vor allem Hunde, die sich länger im Freien aufhalten, wie viele Jagdhunde, Laufhunde und alle anderen Hunde, die viel im Freien trainieren.

Das infektiöse Stadium der Hakenwurmlarve.

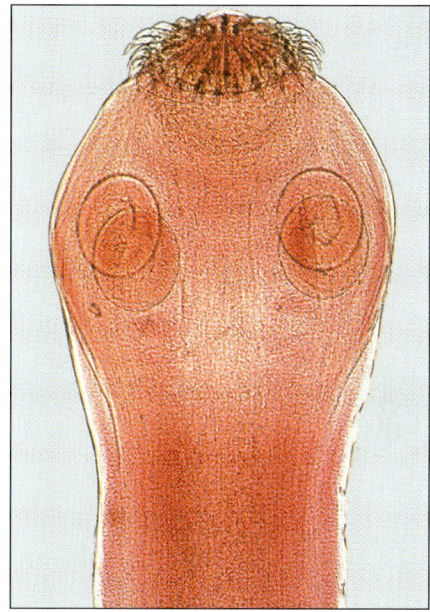

Links:
Männlicher
und weiblicher
Hakenwurm,
*Ancylostoma
caninum*. Sie
sind nur selten
bei Haus- oder
Ausstellungs-
hunden zu
finden.

Rechts:
Der Kopf und
das Rostellum
(die runde
Erhebung am
Skolex) eines
Bandwurms,
der Hunde und
Menschen
befällt.

Bandwürmer

Es gibt verschiedene Arten von Band-
würmern. Am häufigsten werden Bandwürmer von Flöhen auf Hunde übertragen, indem der Hund den infizierten
Floh frisst. Damit kann der Lebenszyklus
des Bandwurms im Wirtstier beginnen.
Bandwürmer sind jedoch auch noch
auf anderen Wegen und nicht nur auf
Hunde, sondern auch auf Menschen
übertragbar. Während eine Bandwurm-
infektion für Hunde keine lebensbe-
drohende Angelegenheit ist, kann sie
bei Menschen der Auslöser für eine sehr
schwere Lebererkrankung sein. Etwa
50% aller Menschen, die sich mit dem
Fuchsbandwurm *Echinococcus multi-
locularis* infizieren und hierdurch unter
alveolärer Hydatidose leiden, sterben
letztlich daran.

Bandwürmer

Menschen, Hunde und viele andere Säugetiere sind für Bandwurminfektionen
anfällig. Nur für Menschen und Welpen stellen Bandwürmer ein lebensbe-
drohendes Problem dar. Haben sie erst
einmal einen Wirt gefunden, vermehren sich die Parasiten tausendfach.
Bandwürmer sind zweigeschlechtlich.
Jeder Wurm und jedes Wurmglied
besitzt männliche und weibliche
Geschlechtsorgane.
Wenn Hunde infizierte Ratten oder Mäuse fressen, infizieren sie sich mit dem
Bandwurm. Einen Monat nachdem sich
der Wurm im Darm seines Wirts fest-
gesetzt hat, beginnt er mit der Ausscheidung von Eiern, die umgehend
infiziös sind und mehrere Monate
ohne Wirt überleben können.

Herzwürmer

Herzwürmer sind dünne, bis zu dreißig Zentimeter lange Würmer, die in der Leber und den großen, das Herz umgebenden Blutgefäßen ihres Wirts leben. Hunde können bis zu 200 Würmer haben! Die Symptome sind Energieverlust, Appetitlosigkeit, Husten, Anämie und die Entwicklung eines aufgeblähten Abdomens.

Die Herzwurm-Parasitose ist in Deutschland nicht heimisch, denn der Überträger des Parasiten (*Dirofilaria immitis*) ist eine in Deutschland nicht vorkommende Mückenart. Dennoch kann sich Ihr Hund infizieren, wenn Sie ihn mit in ein gefährdetes Land nehmen, dazu gehören die USA, Afrika und der Mittelmeerraum. Der Erreger lebt im Herzgewebe sowie den angrenzenden Blutgefäßen der Lunge. Seine Larven, die Mikrofilarien, leben im Blut. Beim Blutsaugen nimmt die Mücke die Larven auf und gibt sie an andere Hunde weiter.

Es handelt sich um eine lebensgefährliche Parasitose, deren Behandlung langwierig und teuer ist. Eine Infektion kann verhindert werden, indem Sie Ihren Hund vor dem Reiseantritt in gefährdete Länder vom Tierarzt vorbeugend behandeln lassen.

Bluttests zum Nachweis sind nicht immer zuverlässig.

Das Herz eines von Herzwürmern (Dirofilaria immitis) befallenen Hundes.

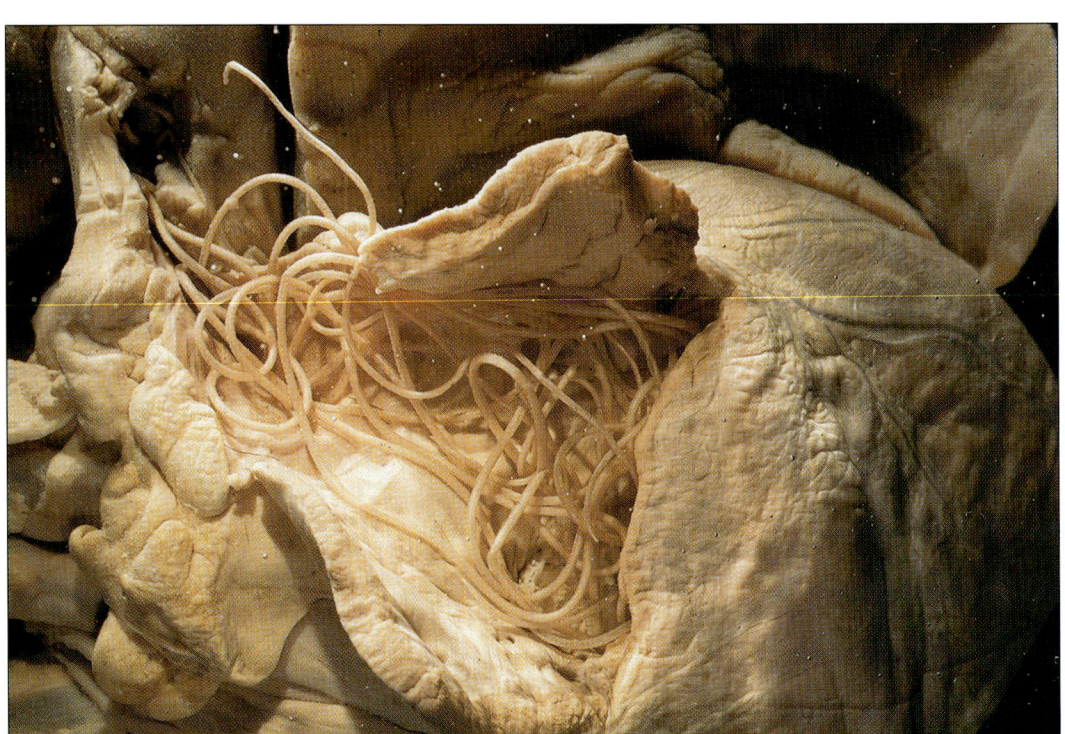

Charakteristische Merkmale des älteren Hundes

Symptome:

Es gibt verschiedene Möglichkeiten der Erläuterung von „CDS". Veterinärmediziner bezeichnen mit „CDS" die allmähliche Verschlechterung der Gehirnfunktion – sozusagen der „Denkfähigkeit" des Hundes. Diese äußert sich zum Beispiel in Verhaltensveränderungen. Wenn sich die seit Jahren eingespielten Reaktionen eines Hundes plötzlich auffällig verändern (und körperliche Erkrankungen als Ursache hierfür ausgeschlossen wurden), so lautet die Diagnose in der Regel „CDS".
Über 50 % aller Hunde über acht Jahren leiden in irgendeiner Form an CDS – je älter der Hund ist, desto stärker. Bei alten Menschen werden solche Verhaltensveränderungen aufgrund von CDS oft als Anzeichen nachlassender Spannkraft abgetan.

Es gibt vier deutliche Anzeichen für CDS:

- Häufige Probleme mit der Stubenreinheit
- Veränderte Schlafgewohnheiten
- Verwirrung
- Keine Reaktion auf äußere Reize

Häufige Probleme mit der Stubenreinheit
- Urinieren im Haus
- Absetzen von Kot im Haus
- Zeigt nicht an, wenn er hinaus muss

Veränderte Schlafgewohnheiten
- Bewegt sich sehr langsam
- Schläft am Tag mehr als normal
- Schläft nachts weniger als normal
- Geht ziel- und lustlos umher

Verwirrung
- Verkriecht sich oft
- Erkennt Freunde nicht
- Geht hinaus und bleibt stehen
- Kommt nicht zu Ihnen, wenn er gerufen wird
- Erscheint verwirrt, abwesender Blick

Keine Reaktion auf äußere Reize
- Hört zunehmend schlechter
- Nimmt weniger Kontakt zu Menschen auf, egal ob er gerufen wird oder nicht
- Mag nur kurze Zeit gestreichelt werden
- Kommt zur Begrüßung nicht an die Tür, wenn man nach Hause kommt

Die Autorin beim Richten eines Malteser-Welpen. Wie viele andere Kleinhunderassen, so werden auch Malteser für das Abtasten durch den Richter auf einem Tisch präsentiert.

Ihr Malteser auf Ausstellungen

Als Sie Ihren Malteser erwarben, haben Sie gewiss dem Züchter klar gesagt, ob Sie den Hund nur als Familienhund und Mitglied der Familie haben wollen oder ob Sie einen Hund haben wollen, der das Zeug zum Ausstellungshund mitbringt. Kein angesehener Züchter wird Ihnen zusagen, dass ein als Welpe verkaufter Hund ein Ausstellungshund wird, denn in den ersten Wochen und Monaten der Welpenentwicklung kann viel schief gehen. Aber wenn Sie an Ausstellungen denken, werden Sie hoffentlich einen Welpen erworben haben, der wenigstens die Veranlagung dazu mitbringt.

Wir wollen hoffen, dass der Welpe, den Sie sich ausgesucht haben, zu einem auch im Vergleich mit dem Rassestandard ansehnlichen Vertreter seiner Rasse heranwächst. Zweifellos ist er ohnehin Ihr ganzer Stolz, und er hat auch schon früh fast alle grundlegenden Kommandos gelernt und weiß sich zu benehmen. Hätten Sie nicht Interesse daran, einmal eine Hundeausstellung zu besuchen und sich anzuschauen, was dort so vor sich geht? Selbst wenn Sie es stets weit von sich gewiesen haben, jemals einen Ausstellungsring zu betreten – ein bisschen träumen dürfen Sie schon!

Für den Anfänger sieht das Vorstellen des Maltesers im Ausstellungsring aus wie eine leichte Übung, aber dahinter steckt viel harte Arbeit und es braucht viel Durchhaltevermögen und Hingabe, um bei den großen Titelschauen gewinnen zu können. Und ein wenig Glück gehört freilich auch dazu!

Dem Anfänger scheint es beim Zuschauen bei Hundeschauen zuerst, als ob jeder Hund anfänglich gegen alle anderen Hunde derselben Rasse im Wettbewerb steht. Dann, wenn der Richter jeweils den besten Hund jeder Rasse ausgesucht hat, steht dieser auserwählte Hund bei Schauen, bei denen Rassen mehrerer Gruppen ausgestellt werden, gegen die anderen Hunde seiner Gruppe. Schließlich stehen die Gruppenbesten gegeneinander im Wettbewerb um die Titel „Bester Hund der Schau" und „Zweitbester Hunde der Schau".

Es ist aber ein klein wenig anders als es scheint. Die Hunde stehen nicht im Wettbewerb miteinander. Der Richter vergleicht vielmehr jeden Hund mit den Idealforderungen des Standards, der schriftlich niedergelegten Beschreibung des idealen Rassevertreters.

Wenn auch einiger der frühen Rassestandards sich an Hunden orientierten, die zu ihrer Zeit wohlbekannt oder gar berühmt waren, so sagen doch viele Rasseenthusiasten, dass ein so perfektes Exemplar, wie es der Rassestandard beschreibt, noch nie gezüchtet werden konnte. Also hat auch nie ein solch perfekter Hund einen Ausstellungsring betreten. Ein solcher wurde nie gezüchtet. Es gibt ihn nicht, zum Leidwesen der Hundezüchter weltweit. Züchter versuchen mit jedem Wurf erneut, diesem Ideal so nahe wie möglich zu kommen, aber nach aller Theorie ist der perfekte Hund so vollkommen, dass es ihn nicht geben kann. Beiläufig, sollte ein solcher perfekter Hund je geboren werden, würden sich Züchter und Zuchtrichter wohl dennoch nicht darauf verständigen können, dass er wirklich perfekt ist.

Die Ausstellung ist der ideale Ort, die Forderungen des Rassestandards an den dort gezeigten Hunden in natura zu studieren. Wie auch der Wortlaut des Standards vieles beschreibt, so kann man doch am besten erkennen, wie die beschriebenen Vorzüge wirklich aussehen, wenn man hochtypische Rassevertreter betrachtet. Nur aufmerksame Betrachtung der Rasse schult, so dass man schließlich vorhandene Abweichungen im Typ oder Fehler erkennt. Daher kann dem Leser, der seinen Malteser ausstellen möchte, aber auch dem angehenden Züchter nur empfohlen werden, sich andere Hunde, die ausgestellt werden, eingehend anzuschauen und soviel wie möglich von renommierten Züchtern und Ausstellern zu lernen. Noch spannender als die vergleichende Betrachtung bei Ausstellungen sind nur noch Seminare über die Rasse, die man, wenn sie angeboten werden, noch vor den Ausstellungen besuchen sollte. Dort werden die Details oft mit ausgezeichneten Beispielen erklärt und demonstriert, in der Diskussion können Fragen geklärt werden. Meist sind einer oder

mehrere Hunde zugegen, an denen Dinge erklärt werden können, vielleicht darf der eine oder andere gar einen Hund abfühlen, um eine Vorstellung davon zu gewinnen, was unter dem Haarkleid ist. Dann hat man auch von der konzentrierten Betrachtung der Hunde bei der Ausstellung mehr.

Hilfsweise sollten hier einige Erläuterungen zu Standardforderungen gegeben werden, deren Bedeutung dann bei Ausstellungen bei den ausgestellten Maltesern vergleichend betrachtet werden können.

So ist es zu Beispiel wichtig, dass die in einer ovalen Lidspalte eingesetzten Augen nicht hervortreten. Sie müssen dunkelbraun sein, die Lidränder und die Ränder der Nickhäute müssen schwarz sein. Weil kräftiges Pigment beim sonst gänzlich weißen Malteser von großer Bedeutung ist, muss auch die Nase satt schwarz sein. Wenn bei einer Rasse das Pigment einmal verblasst ist, ist es recht schwer, dies wieder zu bessern.

Wir wissen aus dem Standard, dass die Bewegung schnurgerade und mit fließender Eleganz sein soll, wenn aber die Knie nur wenig gewinkelt sind, ist das unmöglich. In vielen Fällen (es sein denn, die Vorderhand ist ebenso steil gestellt) ergibt sich dann eine zur Kruppe hin ansteigende Rückenlinie. Und die daraus resultierende Bewegung ist gestelzt und abgehackt und damit alles andere als typisch für die Rasse. Bei einem typischen Malteser soll die Hinterhand gut gewinkelt sein, so dass, wenn der Hund eine gut zurückliegende Schulter hat, genau die Bewegung entsteht, die der Standard fordert, frei und fließend.

Wir entnehmen dem Standard auch, dass der Hund bei der Bewegung nicht „stricken" darf, das heißt, dass die Vorderläufe keine paddelnde Bewegung zeigen dürfen, wenn der Hund auf einen zukommt. Um diese zu unterstützen, muss der Malteser einen wohlgerundeten Rippenkorb haben, nicht einen mit flachen Seiten, und die Vorderläufe müssen vom Ellbogen bis zur Pfote in einer Senkrechten stehen. Die Oberarme dürfen also nicht gebogen sein und die Pfoten nicht ausgestellt.

Der britische Standard fordert nur eine „mittlere Halslänge", der amerikanische führt genauer aus: „Eine ausreichende Halslänge ist wünschenswert, um den Kopf erhaben und hoch tragen zu können." Ein stolz getragener Kopf mit fließenden Halslinien und einer guten Schulterlage ist in der Tat von Bedeutung. Die stolze Haltung ist es, die die Aufmerksamkeit der Betrachter bewirkt.

Eine wichtige Vorgabe des Standards ist die, dass die Haarlänge die Bewegung nicht beeinträchtigen darf. Sind die Haare zu lang, tritt der Hund leicht darauf. Darunter leidet der frei fließende Gang. Selbst bei freier Bewegung ist mitunter das Haarkleid zu lang.

Hundeschauen sind spannend und man kann viel lernen. Hier sieht man Ch. Tam's Carrington, der bei einer Freilandschau in den USA gewann.

Der Malteser ist ein ausgewogen gebauter, kompakter kleiner Hund, bei dem die Entfernung vom Widerrist zur Standfläche dieselbe sein soll wie die vom Widerrist zur Rutenwurzel. Diese Maßverhältnisse ergeben zusammen mit einem reichen Haarkleid von korrekter Länge, das die Umrisslinien nicht beeinträchtigt, und der behaarten Rute, die wie eine Feder elegant über den Rücken getragen wird, ein harmonische Gesamtbild. Wenn Sie an Hundeschauen interessiert sind, finden Sie am leichtesten Zugang, wenn Sie einem Rassezuchtverein beitreten. Die Vereine veranstalten regelmäßig Siegerschauen, Spezialzuchtschauen, manchmal Pfostenschauen und einfach Treffen, die sämtlich für Sie interessant sind, selbst wenn Sie nur als Zuschauer teilnehmen. Vereine versenden Mitteilungsblätter, manche veranstalten Erziehungstage, andere Seminare, bei denen Rasseinteressenten mehr über ihre Rasse erfahren können. Um den für Sie zuständigen Rassezuchtverein zu finden, fragen Sie am besten beim Dachverband. Er ist nicht nur die Dachorganisation für die einzelnen Rassehundezuchtvereine, unter seinem Dach veranstalten Vereine Hundeschauen, aber auch Arbeitsprüfungen, Hundesportveranstaltungen, Gehorsamsprüfungen und Wettbewerbe für die Wendigkeit, die international mit dem englischen Ausdruck „agility" bezeichnet werden. Daneben gibt es eine Fülle von Tätigkeitsfeldern für aktive Hundebesitzer. Der Dachverband gibt die Rahmenrichtlinien für fast alle Aktivitäten seiner Mitgliedsvereine rund um den Hund vor. Er

Ch. Sabredor White Tail Express gewann die Kleinhundegruppe bei der Crufts Show im Jahr 1998.

ist international organisiert unter dem internationalen Dach der weltweiten Organisation, der Fédération Cynologique Internationale (FCI).

Die Fédération Cynologique Internationale (FCI)

Die Fédération Cynologique Internationale wurde 1911 in Paris von den kynologischen Verbänden Belgiens, Deutschlands, Frankreichs, Hollands und Österreichs gegründet und ist heute der internationale Dachverband für 49 föderierte Dachverbände (sozusagen Vollmitglieder) 26 assoziierte Verbände und 4 nationale Verbände, mit denen ein Partnerschaftsvertrag abgeschlossen wurde (Stand 1998). Der Sitz der FCI befindet sich in Thuin / Belgien. Die FCI widmet sich verschiedenen Aufgaben: Sie regelt das internationale Zuchtrecht, sie sichert die Standardhoheit des Mutterlandes einer Rasse, sie ist für die Anerkennung neuer

Rassen zuständig und regelt das Ausstellungs- und das Richterwesen.

Zu den wichtigen Titelschauen der FCI werden Hunde aus bis zu 40 europäischen und außereuropäischen Ländern gemeldet. Aufwändige Einreisebeschränkungen für Hunde nach England, Irland und Australien erschweren derzeit die Teilnahme von Hunden aus diesen Ländern erheblich.

Glanzvoller jährlicher Höhepunkt ist die Welt Hunde Ausstellung, die in wechselnden Ländern veranstaltet wird. So kamen am letzten Mai Wochenende 2003 über 130 000 Besucher nach Dortmund, wo der VDH die bislang größte und beeindruckendste FCI Show organisierte. Über 20 000 Hunde stritten sich um die Titel „Weltsieger" oder „Weltjugendsieger".

Register

Seitenzahlen in **Fettdruck** stehen für Abbildungen

Bibliografische Information der Deutschen Nationalbibliothek
Die Deutsche Nationalbibliothek verzeichnet diese Publikation in der Deutschen Nationalbibliografie; detaillierte bibliografische Daten sind im Internet über http://dnb.d-nb.de abrufbar.

© Copyright Aqualia 03 s.l.
© Copyright German edition, 2012
Eugen Ulmer KG
Wollgrasweg 41, 70599 Stuttgart
(Hohenheim)
6. Auflage

Internet: www.ulmer.de
Fachliche Mitarbeit: Jochen H. Eberhardt
Umschlag: Sojus Design, Kai Twelbeck, Stuttgart
Titelfoto: Juniors Bildarchiv/P. Gehlhar
Druck und Bindung: Samhwa Printing Co. LTD.
Seoul
Printed in Korea

ISBN 978-3-8001-6798-2

Mein Malteser

Hier ist Platz für Ihr erstes Welpenfoto!

Name des Hundes _Filou_

Datum _25.5.14_ **Fotograf** _Mama_